世界史を動かしたワイン

教養と味わいが深まる魅惑のヒストリー

内藤博文

青春新書
INTELLIGENCE

はじめに——西洋の歴史はなぜ、ワインと切っても切り離せない関係にあるのか？

ワインを飲むのは、愉しい。それは、たんに酔っぱらえるからだけの理由ではない。ワインを手にした空間からは、愉しい話題が次から次へと出てくるからだ。日々の生活の話題、男女の話にはじまり、歴史や音楽、映画、文学、哲学、経済など話題は多岐にわたる。なかでも、愉しいのは世界史を語ることだろう。

というのも、ワインには人間の歴史が詰まっているからだ。ワインの歴史は古く、人類が文明を持ちはじめた時代に合わせるかのように登場している。エジプトのファラオはワインを薬としても尊重し、古代ギリシャの哲人たちはワインに酔っぱらいながら知的会話を愉しんできた。

イエスがワインを自らの血になぞらえて以降、カトリックとワインは切っても切り離せない関係となった。いまのブルゴーニュの銘醸地の少なからぬ土地を開墾、発展させたのは、カトリックの修道士たちだ。

時代は下って、ワインが大衆のものになっていったとき、パリの大衆は安ワインに課されるべらぼうな税金に怒りを爆発させた。これが、フランス革命の本当のきっかけでもある。

このように、ワインには世界史のさまざまな物語が詰まっている。高級ワインにも安ワインにも、それぞれの歴史があり、他にない物語がある。だから、ワインを飲んでいるうちに、世界史のエピソードの一つも語りたくなる、あるいは世界史をもっと知りたくなる。ワインと世界史は、赤い液体、あるいは泡立つ液体の奥底のどこかでつながり、人に問いかけてもいるのだ。

ワインを飲むと、世界史に限らず、知的な物語を語りたくなるのは、じつはワインが舌や喉、鼻のみならず、脳で愉しむ飲み物だからだろう。それは、ワインに含まれるタンニンのなせる業（わざ）だ。

コーヒーにもいえる話だが、タンニンの苦みは人を知的に、あるいは瞑想的にさせる。しかも、ワインには酸味、果実味、うま味といった情報量も多いから、人の脳を刺激するし、ワインの酔いは人を饒舌（じょうぜつ）にもする。だから、ワインを飲むと、つい何かを語りたくなる。それも知的な何かであり、その一つが世界史なのだ。

この本では、ワインと世界史の深いつながりを、さまざまなエピソードを交えて掘り下げてみた。この本を読んでいただくなら、日々飲む安ワインの味わいさえも変わってくるやもしれない。高級ワインのコルクを抜くときの決意だって、変わってくるやもしれない。なによりワインを飲むことがより愉しくなることを願っている。あるいは、世界史に関心のある人には、世界史を見つめるときの一つの切り口にもなろう。

ただ、一つ心に留めていただきたいのは、ワインに酔っぱらった勢いでつい語りすぎないことである。人のウンチク話は、そう長々と聞いてもらえるものではない。とくにワイン通の語るワインのうんちく話は、時に人をうんざりもさせる。ワインと世界史を巡る物語を口にするときは、小出しにするくらいでちょうどいい。

世界史を動かしたワイン◇目　次

はじめに――西洋の歴史はなぜ、ワインと切っても切り離せない関係にあるのか？

第1章 古代ギリシャの民主政治とキリスト教を育てたワイン――13

古代の先進地帯に根づいていたワイン文化／なぜ古代のオリエントでは、葡萄は「生命の樹木」と崇められたのか？／〝水割りワイン〟を愉しんでいた古代ギリシャの哲人たち／古代ギリシャの民主政治と哲学を育んだワイン／古代ローマ帝国の大征服にワインが欠かせなかった理由／ローマのガリア征服がもたらしたワイン革命／ローマ帝国の拡大によって、アルプス以北ではじまった葡萄の栽培／ユダヤ教から受け継がれたキリスト教のワイン文化／キリスト教とワインの関係を決定づけた「最後の晩餐」

第2章
カール大帝と修道院が復活させたワイン文化──33

西ローマ帝国崩壊後、縮小していた西ヨーロッパのワイン世界／修道会を中心に復興していったワイン世界／カール大帝によるワイン復活の道／カール大帝は、キリスト教とワインによる統治を考えていた?／よいワインの生産でフランスの中心に躍り出たパリ／カトリック改革の旗手・クリュニー修道院が切り拓いたブルゴーニュの葡萄畑／さらなる改革者・シトー派修道会がはじめたブルゴーニュワインの品質向上／シトー派修道士たちの「クロ・ド・ヴジョ」における実験とは?／中世、修道会によって切り拓かれていく銘醸地／ムハンマドの登場によって、ワインが消えていった中東世界

シュロス・ヨハニスベルク　ドイツワインの象徴であり、歴史でもある　43

コルトン・シャルルマーニュ　ブルゴーニュ屈指の白ワイン　44

クロ・ド・ヴジョ　なぜ、秀逸なワインと凡庸なワインに分かれるのか?　55

クロスター・エバーバッハ　ビスマルクも愛した模範的な白ワイン　59

シャブリ　なぜ、コート・ドールの白ワインと違う味わいなのか?　60

第3章

英仏百年戦争を巡るブルゴーニュ、ボルドー、シャンパーニュの戦い ―― 64

ボルドーとイングランドの蜜月／ワイン産地として浮上した、イングランド王による「ボルドー特権」／教皇のバビロン捕囚と「シャトーヌフ・デュ・パプ」／「王の愛するワイン」となっていたブルゴーニュワイン／ペスト禍のなか、ブルゴーニュに広まった変異種ガメイ／ブルゴーニュとボルドーがフランスと敵対していた百年戦争／ジャンヌ・ダルク処刑に見る、ブルゴーニュのシャンパーニュへの敵視／市井の者もワインを飲めるようになった中世の末期

シャトー・パプ・クレマン　重厚感と深みのある古典的ボルドーワイン　73
シャトーヌフ・デュ・パプ　強めのアルコールとタンニンが特色　74
ボーヌ　現在は中級クラスだが、ブルゴーニュを知るにはちょうどいい　77

第4章
ヨーロッパの世界進出がもたらしたワインの進化とスパークリングの誕生——89

三十年戦争で荒廃したドイツのワイン文化／高級品種リースリングに復興を託したドイツ／ボルドーではじまった新スタイルのワインに興奮したイギリス人／沼沢地だったメドック地区が、銘醸地に変わっていったワケ／ルイ14世を巡るブルゴーニュとシャンパーニュの争いとは？／シャンパンを市場にのせたのは、イギリス人だった？／18世紀のヨーロッパを席巻したシャンパン／コンティ公によって、高値で買われていたロマネ・コンティの畑／英仏の対立の中から生まれたポートワイン／オスマン帝国の時代に衰退したバルカン半島のワイン／オスマン帝国との戦争が生んだハンガリーの銘酒「トカイ」／ハプスブルク家との戦いを支えたトカイワイン／18世紀、宮廷の収入になっていたワインの入市税

シャトー・オー・ブリオン　メドック地区以外で唯一の格付け第1級ワイン　97
ドン・ペリニヨン　日本でも人気のシャンパンの本質　105
ロマネ・コンティ　誰もがその名を知っていても、誰も飲めない幻のワイン　111
シャトー・ラフィット・ロートシルト　5大シャトーの筆頭とも　112

第5章

フランス革命とナポレオンの暴風が産み落としたワインの「伝説」——125

ワイン税への怒りからはじまっていたフランス革命／フランス革命とナポレオン法典によって一変したブルゴーニュの風景／ナポレオンは本当にシャンベルタンを愛したのか？／ナポレオンがもっとも好んでいたのは、じつはシャンパンだった？／ナポレオン没落後のフランスを救ったシャンパンの力／オーストリアの宰相メッテルニヒが行っていたドイツワインのブランド化

シャンベルタン 「皇帝のワイン」のイメージとは、かなり異なる味わい 133

第6章

もう一人のナポレオンによってもたらされたワインの黄金時代——141

またも革命を後押ししていたワインによる連帯／ナポレオン3世によるボルドー・メドック地区

の格付け／メドック地区の格付けに対抗して、整備されはじめたブルゴーニュ／鉄道の時代が変えたワインの風景／なぜイタリアワインは、19世紀初頭まで停滞をつづけていたか？／イタリア統一運動とバローロ改革／統一イタリアの首相リカーゾリが取り組んでいたキャンティの確立／シャンパンに酔いしれていたヨーロッパ、束の間の平和

シャトー・ムートン・ロートシルト　有名画家によるエチケットでも名高い　148

バローロ と バルバレスコ　じつは日本では比較的手に入りやすい銘酒　160

キャンティ　手軽に飲めるが、選択はむずかしいワイン　165

第7章

新興国アメリカによるワイン支配と独自の進化を遂げる日本のワイン文化 ―― 168

第1次世界大戦のフランス兵を支えつづけたワイン／20世紀、ワイン文化を破壊した共産圏／第2次世界大戦ののち、なぜアメリカはワインの世界を変えていったのか？／「ボルドー絶対神話」を打ち崩した「パリの対決」／新興の大国アメリカが選んだ「ヴァラエタルワイン」／パーカー・

ポイントにはじまった、アメリカによるワイン支配／なぜ１９７０年代ごろから、ブルゴーニュでワインの個性化が進んだのか？／イタリアワインが１９７０年代後半以降、大きな存在になってきた理由／プラザ合意によって、世界の高級ワインを動かしはじめた日本／独自の進化をはじめている日本のワイン文化／なぜ、日本はボジョレ・ヌーヴォーの最大の愛好国になったのか？／21世紀、ワインの世界はどこへ向かうのか？

フリウリのリボッラ・ジャッラ　あまりに個性的な白ワインが語るもの　191

ドメーヌ・ルロワ　マダム・ルロワ後に何が起きるのか？　197

本文ＤＴＰ・地図作成／エヌケイクルー

第1章 古代ギリシャの民主政治とキリスト教を育てたワイン

◆古代の先進地帯に根づいていたワイン文化

ワインの歴史は、古い。日本人が日本酒を愉しんできた歴史よりも、ずっと古い。その歴史は、数千年といわれる。人類が文明を有しはじめてわりとまもなくに、ワイン造りははじまっていたのだ。

ワインの発祥の地については、諸説ある。黒海とカスピ海に挟まれたカフカスのジョージア、あるいはアルメニアあたりで、ワイン造りははじまったともいわれる。ジョージアには、紀元前6000年ごろの遺跡がある。この遺跡から、陶器の壺が出土し、そこからワイン造りがあったのではないかと推測されている。アルメニアには、紀元前4000年ごろのワイン醸造所の遺跡がある。

(地図1)ワイン発祥の地? ジョージアとアルメニア

あるいは、古代メソポタミアに一大文明を築いたシュメール人たちが、ワイン造りをはじめたともいわれる。イランのザクロス山脈ではじまったのではないかとの説もある。

メソポタミアとジョージア、アルメニアは、わりに近い。どちらが先だったのかはともかく、ワイン造りは西アジアではじまり、やがて世界に広がっていく。

メソポタミア以上にワインを受け入れていたかもしれないのは、古代のエジプトである。エジプトのワイン造りは、パレスチナを介して、メソポタミアからもたらされたようだ。エジプトで、ワイン造りは変革されていく。

エジプトやメソポタミアでワインが愛されるようになったのは、ともに古代にあっては高度な文化、農業技術を持っていたからだろう。葡萄ジュースをワインというアルコール飲料に変化させることとは、古代においては魔術のようなものだ。一定の知識、経験の蓄積がないことには、ワインというアルコールを造れない。

たしかに、葡萄の果汁が自然発酵して、ワインになることもあるが、人為的に生産するには文化力が要る。さしたる経験、知識もないまま葡萄ジュースをアルコールに変えようとしても、途中で失敗して、酸っぱいだけの液体ができるだけだ。しかも、多くのワインを得ようと思ったら、野生葡萄に頼らず、葡萄を栽培する技術も持たねばならない。

メソポタミアで都市が生まれるのは、紀元前3000年ごろからだという。紀元前25世紀ごろには、シュメール人によるウル第1王朝が栄えている。エジプトでも紀元前3000年ごろ統一国家が誕生、ファラオによって安定した統治がはじまっている。エジプトもメソポタミアも古代にあっては独自の文字を発明するほどに高い文明を持っていたから、ワイン造りを定着化できたのであろう。

◆なぜ古代のオリエントでは、葡萄は「生命の樹木」と崇められたのか？

古代のメソポタミア、エジプトでワインが受け入れられたのは、たんに酔っぱらえるからではなかったようだ。ワインは、神から授けられた液体のように見なされ、かつ薬として重宝されてもいたからだ。メソポタミアでも、エジプトでも、葡萄の木は「生命の樹」として崇(あが)められていたのだ。

今日でもそうであるように、ワインを飲むと、活力が湧き、元気になる。ワインのよい香りを嗅ぐだけでも、気分がよくなる。古代には、消毒液代わりにもなった。そこから、古代のシュメール人やエジプト人はワインに神秘的な力を見て、薬のように崇めた。古代オリエントにあっては、ワインは最高の薬ともされた。

古代のメソポタミアやエジプトで、ワインが神の恩寵(おんちょう)のように崇められたのは、ワインが生命の「再生」という「奇跡」を起こしてくれるからでもあろう。葡萄ジュースはそのままにしておくと、酸化し、飲めなくなる。つまり、液体としての「死」があった。だが、葡萄ジュースが発酵し、ワインとなったとき、葡萄ジュースはアルコールという「別物」として再生する。

ふたたび生命を得たワインは、葡萄ジュースよりも長持ちし、翌年の春にも飲める。当時、ワインの寿命は短かったとはいえ、ワインは「再生」の象徴であった。古代人はそこに神秘と奇跡を見て、ワインを生み出す葡萄の樹を「生命の樹」と見なしたのだろう。

この神秘と奇跡は、じつはアルコールの中でもワイン独特のものである。ビールにしろ、日本酒にしろ、小麦や米を砕いたり加熱したりして、液状化させるという工程を経る。そこには「死」の概念がなく、ビールや日本酒に「再生」の奇跡を見出しにくい。葡萄ジュースとワインは外見的によく似ているのに、まったく違う「生命」となっているから、そこに奇跡を見るのだ。

ワインはこうして神秘の飲み物として定着していたから、古代のユダヤ教の世界にも定着していく。キリスト教もワインの「再生」という奇跡の思想を継承し、イエスはワインを自らの血になぞらえもした。

ただ、オリエント世界にあっては、ワインはおうおうにして支配者の飲み物であったようだ。支配者たちが、広大で肥沃（ひよく）な土地を独占的に所有していたからだ。支配者たちは、葡萄栽培、ワイン造りを命じる側にあり、彼らがその恩恵の多くを独占しようともしていた。ワインは、支配者のための高貴な飲み物であったともいえる。

◆〝水割りワイン〟を愉しんでいた古代ギリシャの哲人たち

メソポタミア、エジプトにつづいて、ワインを大々的に造り、ワイン文化を育てたのは、古代ギリシャである。ギリシャは、ワイン造りに絶好の地であった。暑く乾燥した気候であるうえに、土地は石灰岩でできており、水はけがいい。山が海に迫っていて、葡萄栽培に適した傾斜地も多いからだ。

古代ギリシャの文明は、エジプトに近いクレタ島を中心としたエーゲ海文明の影響を受けて成立していく。ワイン造りもエジプト方面か、あるいはアナトリア（現在のトルコのアジア側あたり）方面から伝わってきたのだろう。

ただ、古代ギリシャにあって、ワインは支配者のためのものではなかった。平民たちも、ワインの愛飲者になっていた。そこには、ギリシャの地勢が関わる。

半島に位置しているギリシャには、メソポタミアのチグリス＝ユーフラテス川やエジプトのナイル川のような大河はなく、肥沃な平原はない。山が海に迫った環境のなか、小さな平野が点在している。だから、王や貴族ら支配階級による土地の独占は起こりにくかった。ギリシャでは、農民たちが小さな平野を所有し、奴隷たちを使いながら、農業を営み、豊かな平民となった。彼らがワインを造り、愉しんでいたのだ。

こうしてギリシャには絶対的な君主が存在せず、ギリシャのポリス、とくにアテネでは民主政治が発達した。しかもアテネでは、ソクラテス、プラトン、アリストテレス、ピタゴラス、ヒポクラテスと、すぐれた哲学者、数学者、医者らを輩出、これまでにない文明を誇った。

ギリシャのすぐれた才能たちは、ワインを好んだ。ソクラテスもプラトンもワインを愉しみ、ヒポクラテスはワインを薬として活用していた。ヒポクラテスは、解熱用、消毒用、利尿用、疲労回復用などに、さまざまなワインを使い分けている。

ギリシャ人たちのワインの飲み方は、今日のさまとはかなり異なる。彼らは食事のあとに、ワインを愉しんだ。それも、水で割ったワインを飲んでいた。ギリシャ人たちによるなら、水で割らないワインを飲むのは下品であり、野蛮人のすることであった。

ギリシャ人がワインに混ぜていたのは、水のみでない。油脂類やチーズ、小麦粉なども混ぜて飲んでいたという。こうした混ぜ飲みはすでにオリエントでも行われていて、ワインの味に変化をつけるものであった。

当時、ワインは酸化しやすく、1年も持たなかったという。そのため、ワインにも味つけが必要だったのだろう。

◆古代ギリシャの民主政治と哲学を育んだワイン

古代ギリシャ人たちのワインの愉しみ方には、もう一つ特徴がある。彼らの酒宴では、大杯が用意されている。客人たちは車座になって、ワインの大杯を回し飲みしていくのだ。このギリシャ式の酒宴を、古代ギリシャでは「サンポジオン（ｓｕｍｐｏｓｉｏｎ）」といった。英語で討論会を意味する、「シンポジウム」の元になった言葉である。

実際、ギリシャの酒宴は現代のシンポジウムに通じるところがあり、知的な意見交換の場であった。話題は文化、哲学、文学、科学のみならず、政治にも及んでいた。現代ではワインを飲む場で政治の話は不粋ともされるが、ギリシャ人は政治批判も好んだ。

このギリシャ式酒宴を見るなら、ワインは古代ギリシャの民主制、哲学の発展にも関わっているといえるのではなかろうか。ワインは人を自由にし、饒舌にし、かつ知的にしてくれるからだ。

ワインも日本酒もビールも飲む者を陽気にし、活力を生むという点では同じだが、ワインには他のアルコールにはない特色がある。ワインは、人を知的にしてくれるのだ。それは、ワインの中に含まれるタンニンの効能によろう。

タンニンといえば、コーヒーである。コーヒーのタンニンと甘い香りは、人を知的にし、瞑想的にもする。これと同じ働きがワインにもあるのだ。

しかも、ワインには甘味、酸味、うまみなどが詰まり、情報量が多い。その情報量の多さもまた、人の頭を刺激しよう。ワインの馥郁(ふくいく)とした花のような香りを嗅ぐなら、美を愛(め)でようという意識も働き、これまた人を知的にもする。

ソクラテスは、「適量を一度に少しずつ飲む」のを前提に、こう言っている。「ワインは理性になんら害を与えず、快い歓喜の世界に気持ちよくわれらを誘ってくれる」。あるいは、ユダヤ教では、ワインは「理性を受け入れるのを助ける」ともしている。

ワインを飲むなら、たんにその場が盛り上がるのみではない。酔っぱらいながらも、どこかで知性も発揮されるから、ワインを飲む場は知的な会話の場にもなりやすい。だからギリシャではすぐれた哲学者が現れた。

しかも、ワインを愉しみながら知的な討論をするなら、そこは自由の場になりやすい。ワインを愉しむところに、自由があり、平等があるのなら、そこから古代ギリシャのような民主政治も生まれやすい。もともとギリシャにはオリエントのような強い君主はいないから、民主政治は保障されやすかった。民主主義が知的な会話の中から生まれるものであるとしたら、ワインは民主主義の揺(ゆ)り籠(かご)のようなものなのかもしれない。

このののちの世界を見るなら、古代ギリシャ以降、民主主義を模索してきた古代ローマのイタリア半島、近世のイギリス、フランス、ドイツの住人はワインをよく飲んだ。イタリア、フランス、ドイツは、長くワインの大生産地でもありつづけた。人はワインを飲むことで、知的になり、理想を語るようになる。ワインは民主主義を醸(かも)しやすかったのだ。

コーヒーが世界に広まるのは、17世紀以降のことだ。それまでワインは、知的な飲み物の座を独占してきたのだ。

◆古代ローマ帝国の大征服にワインが欠かせなかった理由

古代の地中海世界にあって、ギリシャの文化を継承するのは、ローマである。古代ローマはギリシャのワイン文化も受け継ぐのだが、その建国当初、ワインを拒否していた。古代ローマの始祖とされるロムルスが、ワインを禁じたからだとされる。

ロムルスは、ワインのもたらす泥酔(でいすい)という害悪を嫌ったのだが、逆の見方をすれば、ロムルスの時代からローマでもワインは泥酔者が出るほどに飲まれていたとも考えられる。

結局、時代を経て、ローマ人も、ワインの魅力に勝てず、ワイン飲みになる。

そこには、同じイタリア半島にあったエトルリアの影響も大きかった。エトルリアはイタリア半島の中部に位置し、ひところまでローマを従属させていた。ローマはエトルリアの支配から脱し、エトルリアを滅ぼすことで、イタリア半島の主人の座を獲得していく。そのエトルリア人は、ワインを好み、ギリシャ人も欲しがるようなワインを生産していた。ローマ人たちはエトルリア人を打ち倒す過程で、エトルリアからワイン文化も学んでいった。

ローマはエトルリアを打ち破ったのち、サムニウム人とも戦い、イタリア半島随一の国になる。その後、ハンニバルのカルタゴと戦い、地中海世界を制覇していったとき、ローマ人にはこれまでにない余裕と大土地所有が生まれる。大農園で葡萄が栽培され、ワインが醸造されるようになったとき、大きな需要があった。豊かになり、享楽的にもなっていたローマ人たちは、ワインを求め、盛大に酔っぱらったのだ。

古代ローマ人たちのワインの飲み方は、古代のギリシャ人たちとは違った。たしかに初期にはギリシャ人のように水割りワインを飲んでいたが、しだいに水の配分を減らしていき、しまいには水を入れずにワインを愉しむようになった。

おそらく、ローマ人の舌が肥えてきたうえ、より味のよいワインが造れるようになったからだろう。よいワインにありつけるのなら、わざわざ水で薄める必要もないのだ。

しかも、ローマ人たちはギリシャ人たちのように食後にワインを飲むのではなく、ワインを食中酒として愉しむようになった。ローマ人たちが美食家になっていった証しでもあろう。ワインは、ローマ人の美食に欠かせないものにもなっていたのだ。

こうしてローマが豊かになっていく過程で、ローマはガリア（いまのフランス）やブリテン島（イギリス本島）、バルカン半島、中東方面へも進出し、一大帝国を築いていく。このローマ帝国の拡大を支えていたのが、ワインである。ローマの兵士たちが勇敢に戦うのに、ワインは不可欠だったのだ。

ローマ軍団が進出し、戦う場は、ほとんど未開の地である。しかも、多くは温暖なイタリア半島よりも厳しい気候にある。厳しい寒さにもさらされるし、退屈な時間を過ごすことにもなる。飲料となる清潔な水を得られない環境もある。まともな水が得られないとき、水代わりになってくれるのもワインだったし、ワインは消毒液代わりにもなっていた。あるいは、厳しい環境下での苦痛を和（やわ）らげ、勇気をふるって戦わねばならないときには、活力の源になってくれてもいた。

ローマの大征服にワインが欠かせなかったという事実は、かつてのローマの征服地、とくにガリアの出土品からもわかる。よく出土品として見つかるのは、「アンフォラ」と呼ばれるワインを入れる陶器の破片である。

いまでこそワインは木の樽に入れて保存するのだが、古代のワイン先進地帯であるオリエント世界でもギリシャでも、木の樽という発想がなかった。オリエント以来、ワインはアンフォラに保存され、運ばれていた。ローマ軍団もワインを入れたアンフォラをつねに持ち運び、現地で兵士たちにワインを与えていたのだ。アンフォラは割れやすくもあり、破片となって、今日までローマの征服地に眠っているのだ。

◆ローマのガリア征服がもたらしたワイン革命

古代ローマの征服活動は、ワインに一つの革命をもたらしている。ワインの貯蔵容器が、陶器のアンフォラから木製の樽に変わったからだ。

それは、ローマのガリア征服の過程で生まれた話だ。当時、ガリアの住人たちがよく飲んでいたのは、ビールである。ビールといっても、当時はまだホップは使われず、いまのようなすっきりしたビールではなかったが、ガリアの住人はビールをがぶ飲みしていた。そのガリア人たちがビールの貯蔵に使っていたのが、木製の樽であった。ローマ人はガリアの住人とつきあっていく過程で、この木製樽の存在を知る。

これまでローマ人がワインの貯蔵・運搬に使ってきた陶器のアンフォラには何かと問題があった。陶器だから、壊れやすい。輸送の途中に壊れてしまえば、ワインは台無しだ。しかも、アンフォラは陶器だから重い。重いゆえに、陸上での運搬はひと苦労だ。

これに比べ、木製の樽ならどうだろう。木製の樽は、簡単には破損しない。アンフォラよりも軽いから、運搬もラクになる。

こうしてローマ人が木製の樽にワインを入れて、保存、運搬するようになったあるとき、一つの事実に気づいた。木製の樽にワインを入れてしばらく置いておくと、ワインの味がよくなっていることだ。樽の中では、ワインがきれいに熟成しやすく、しかも樽の木の成分がワインに吸収される。

ワインの熟成にオークの樽を使うことは、現代では常識のようになっている。その常識が、ローマ人とガリアの住人との接触から生まれたのだ。ローマ人は当初、アカシアやポプラ、栗などを樽の材料に使っていたようだが、時代を経るにつれ、香りのよいオークが使われるようになる。

◆ローマ帝国の拡大によって、アルプス以北ではじまった葡萄の栽培

古代ローマ帝国の拡大は、そのままワイン産地の拡大にもなっていた。ガリアやゲルマニア（いまのドイツ）にも進出したローマ軍団は、その地で葡萄を栽培し、ワイン造りをはじめていた。もちろん、当初は自分たちで飲むためである。

ローマの拡大期、もっともワイン造りがさかんになっていったのは、ガリアだ。ガリアでは、まずはナルボネンシスと呼ばれていた南仏一帯でのワイン造りが盛り上がる、こののち、葡萄園はゆっくりと北上し、ガロンヌ川流域周辺、ブルゴーニュ、ロワール川周辺、パリ周辺などが産地になっている。パリ周辺を除くなら、現在の名産地でワイン造りが行われるようになっていた。ナルボネンシスは、いまのラングドック・ルション地方、プロヴァンス地方に当たり、いまこれらの地域からは安くて安定した品質のワインが供給されている。

ゲルマニアにあっては、モーゼル川沿い、いまのトリーアが中心地となる。ローマはモーゼル川とつながるライン川を対ゲルマン人の防衛ラインとし、トリーアに軍団の拠点を置いていた。ここから、ドイツのモーゼルワインの歴史がはじまる。

ガリアやゲルマニアでのワイン造りが発達していくと、本拠であるイタリア半島のワインの質を上回るようになる。とくにトリーアやパリ周辺のワインがイタリアでも人気となり、アルプス以北のワインはローマ本国にも輸出されるようにもなっていた。

ドイツやフランスでのワイン造りは、これまでにないワイン造りの北上であった。ワイン造りは西アジア、エジプトといった暑い地域でさかんになり、イタリア半島やギリシャの葡萄も太陽の恵みをおおいに受けてきた。けれども、ドイツ、フランスの気候には冷涼なところがある。葡萄には厳しい環境でもあるのだが、厳しい環境を克服していく過程で、葡萄の実はより充実したものになっていたのだ。

ローマの拡大は、ワインの拡大でもあれば、支配地域のラテン化でもあった。ラテン化したガリアの文化は、ガロ・ローマ文化と呼ばれる。この「ガロ・ローマ」「ローマ」の名を残すのが、いまのブルゴーニュの「ロマネ・コンティ」や「ロマネ・サン・ヴィヴァン」「ラ・ロマネ」などのワインである。ロマネ・コンティは言うに及ばず、いずれも高名なワインであり、区画名である。これらの「ロマネ」とは、「ローマ」に由来する。ガロ・ローマ時代、ブルゴーニュのこの地に根づいたワイン文化に敬意を払ってのものだ。

◆ユダヤ教から受け継がれたキリスト教のワイン文化

紀元1世紀、パレスチナにはナザレのイエスが登場し、キリスト教を成立させていく。

（地図2）ガロ・ロマン時代に切り拓かれたアルプス以北の葡萄畑

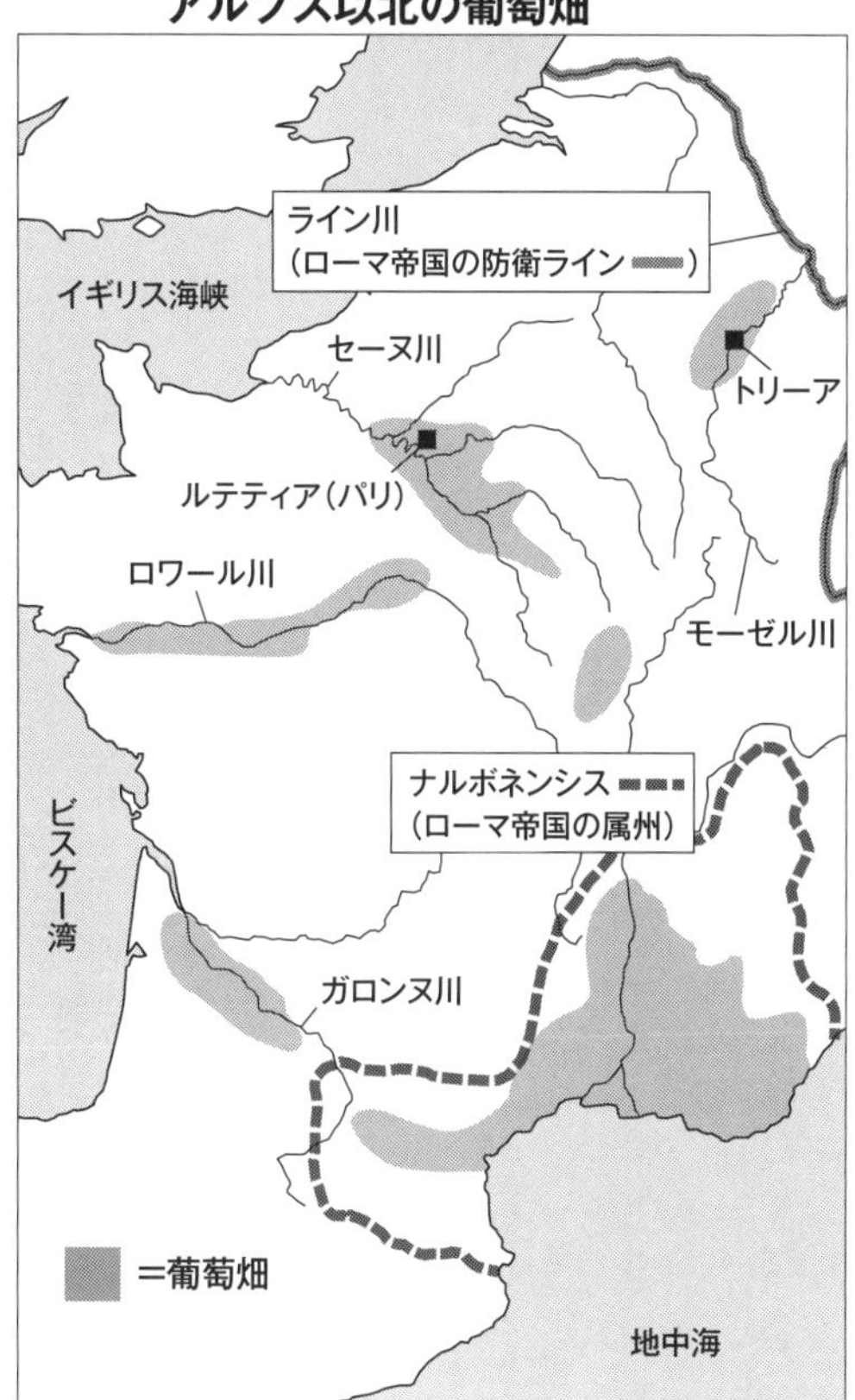

キリスト教はユダヤ教から枝分かれし、キリスト教でもユダヤ教でも、その信仰はワインと結びついている。

ユダヤ教の世界では、ワインは大事な日に欠かせなかった。過ぎ越しの祭の日にはワインを4杯、結婚式には2杯、割礼（かつれい）には1杯飲むのが、しきたりとなっていた。

もともとユダヤ教の系譜にあるイエスは、こんな言葉を残したともされる。

「私はまことの葡萄の樹、私の父は葡萄の栽培者である。父は、私のうちにあって実のならない枝をみな切り落としてしまわれる」「葡萄の樹から切り離された枝が自分では実を結ばないように、あなたがたも私のうちになければ実を結ぶことはできない」

さらに、イエスには、ワインにまつわるエピソード「カナの婚礼」がある（本書のカバー画像はそれを主題にした絵画）。「カナの婚礼」は、イエスが起こした初めての奇跡でもある。

イエスが弟子や母マリアらとともに、ガリラヤのカナでの婚礼に出席したときのことだ。婚礼ではワインが供されていたが、途中でなくなってしまう。イエスは清めに使う6つの大きな水瓶に水を満たしておくよう指示し、宴会の世話役のもとにまで運ばせる。このとき、水瓶（みずがめ）の水はワインに変わっていたのだ。それも、飲んだ客が上等なワインと認めるほどのワインになっていた。

カナの婚礼における奇跡は、イエスやユダヤ教徒がいかにワインを重視しているかの証しのようなものだろう。婚礼という神聖な場には、よきワインが不可欠だったのだ。イエス自身もそう考えていたから、奇跡を起こしてみせたのだ。

と同時に、カナの逸話は後世のワイン造りにも影響を与えている。後述するように、ヨーロッパの中世にあって、ワインの品質向上にもっとも熱心に取り組んだのは、フランスのブルゴーニュにあったシトー派修道会である。

カナの婚礼にあって、イエスは、人を感嘆させるほどのワインを生み出していた。イエスがよきワインを造ったのなら、イエスを受け継ぐ者はやはりよきワインを造らねばならない。その精神がシトー派修道会に宿り、彼らはワインの品質向上にその知と体力を捧げていたのだ。シトー派修道会の宗教的な情熱によって、いまにつながるブルゴーニュの葡萄畑が開墾されていく。

◆キリスト教とワインの関係を決定づけた「最後の晩餐」

キリスト教とワインの関係は、有名な「最後の晩餐」で決定づけられるだろう。「最後の晩餐」は、死を予期したイエスと弟子たちとの食事の場面である。イエスは神に祈りを捧げたのち、パンをちぎって弟子たちに渡し、「これは私の体だ」と告げる。イエスはワインの入った杯を弟子たちに渡したのち、「これは、多くの人のために流される私の血だ」とも告げている。

イエスは、ワインを自らの血であると弟子たちに自覚させただけではない。ワインを飲む行為自体が、イエスを信じ、神を信仰する行為につながるとしたのだ。

以後、キリスト教にとってワインは信仰に欠かすことのできない聖なる飲み物となる。とくに聖餐（せいさん）にワインは必須となり、カトリックのミサには欠かせない液体となっていた。

最後の晩餐のワインには、イエスの「復活」も示唆されていたとも考えられる。すでに述べたように、古代オリエント世界では葡萄ジュースが発酵によってワインに変わるさまに「再生」を見ていた。葡萄ジュースとしては死を迎えても、ワインという新たな液体として「再生」する。ワインは「再生」、つまりは「復活」の象徴でもある。イエスが処刑ののち復活するように、最後の晩餐におけるワインは、イエスの復活をも告げていたのだ。

キリスト教はその成立ののち、しばらくの間は、ローマ帝国内で迫害の対象であった。肉や血をパンやワインと同一視しているところが気味悪がられたこともあろうが、しだいに帝国内に信者を増やしていく。4世紀末にはテオドシウス帝によって、国教に位置づけられるようになる。キリスト教の広がりは、そのままワイン世界の広がりでもあった。

その後、ローマ帝国は瓦解（がかい）していくが、そののち、混沌の西ヨーロッパにあって、秩序を維持してきたのはキリスト教会であり、修道会であった。ワインは、修道会を通じて生き残り、文化を育んでいくことになる。

第2章

カール大帝と修道院が復活させたワイン文化

◆西ローマ帝国崩壊後、縮小していた西ヨーロッパのワイン世界

4世紀後半からの数世紀、西ヨーロッパは激動、再編の時代を迎える。アジア方面からやって来たフン人に怯えたゲルマン人の諸族が、民族移動を開始したためだ。ゲルマン人が流入するなか、476年には西ローマ帝国が消滅している。

ゲルマン民族の移動にさらされたイタリア半島では、東ゴート人が王国を北イタリアに建国したかと思えば、東ローマ帝国（ビザンツ帝国）に滅ぼされる。ほかに西ゴート人、ランゴバルト人、ヴァンダル人らも、イタリア半島を襲った。あるいは、バルト海の南にあったブルグンド人は、大移動ののち、今日のブルゴーニュ地方に住み着いている。

こうしたゲルマン人の大移動のなか、西ヨーロッパのワイン世界は縮小に向かっていた

と思われる。ゲルマン人たちの行く先々で踏み潰されてしまった葡萄畑も、少なくなかったことだろう。17世紀、ドイツを舞台にした三十年戦争下、ドイツの葡萄畑は軍隊に踏み潰され、6分の1以下になってしまったともいう。このことを考えるなら、ゲルマン人の大移動でも、葡萄畑は受難に遭っていただろう。イタリア半島にあったワイン文化、ガリアで育ちつつあったワインの世界は、大きな危機に面していた。

ただ、ワインの世界はギリギリのところで崩壊は免れている。破壊者となったゲルマン人たちが、しだいにワインの味を覚えはじめていたからだ。ゲルマン人たちがワインの効用やうまさを知るようになるなら、もう葡萄畑を荒らすことはなかったと思われる。彼らが身代金代わりにワインを奪い、酒蔵を空にしても、ワインの源泉である葡萄畑はそっとしておく方向に動くのは当然のなりゆきでもあろう。

ゲルマン人を大移動させた元凶であるフン人のアッチラも、ワインの味を知ったようだ。彼の軍団はフランスのシャンパーニュ地方にまでなだれこんだのち、東ヨーロッパへと引き返している。アッチラのものと思われる墓には、ワインを入れる壺があったという。

◆修道会を中心に復興していったワイン世界

西ヨーロッパのワイン世界が縮小していった5〜8世紀にかけて、西ヨーロッパでワイン造りを維持していたのは、各地の司教や修道会であったようだ。当時、司教や修道会は葡萄畑を持っていて、ワイン造りも営んでいた。

一つには、キリスト教の聖餐にワインが欠かせなかったからだ。すでに述べたように、キリスト教はワインと深く結びついて成長している。カトリックが信者を獲得すればするほど、聖餐用のワインが必要になっていた。しかも、キリスト教でも、ワインを薬として用いていた。ワインは、病める者への施しでもあった。

司教や修道会がワイン造りに励んだのは、彼らの収入のためでもあれば、彼らの地位向上の意味もあった。当時はホテルも何もない世界であり、教会や修道会は旅人を受け入れていた。彼らにワインを供し、あるいは売ることで、収入を得た。とくに宿泊した王侯貴族には、もてなしの意味でもよいワインを飲ませた。王侯貴族の機嫌がよくなるなら、彼らによる保護や土地の寄進なども期待できた。

西ヨーロッパにまだ有力な勢力のない時代、司教や修道会はその土地の実力者にとって頼りになる存在でもあれば、重要なワインの供給者にもなっていた。たとえば、ブルゴーニュではアマルゲール公という人物が、7世紀前半、ジュヴレ（いまのジュヴレ・シャンベルタンの一部だろう）などの葡萄畑をベーズ大修道院に寄進している。ベーズ大修道院の畑から生まれていくのが、いまのシャンベルタン・クロ・ド・ベーズ（後述）となる。

もう一つ、修道会で働く修道士のためにも、ワインが必要であった。修道士の仕事には、穀物や葡萄の栽培もあり、日々の肉体労働は修道士を消耗させた。そのため、彼らの疲れを癒やし、活力を与えるためにもワインが欠かせなかったのだ。

西ヨーロッパのキリスト教世界で、勤勉を重んじる修道会の先駆といえば、聖ベネディクトゥスによるベネディクト派修道院だろう。聖ベネディクトゥスは6世紀前半にイタリアにモンテ・カッシーノ修道院を設立、「祈り、そして働け」の戒律（かいりつ）を掲げてきた。ベネディクト派修道院は西ヨーロッパ各地に広がり、西ヨーロッパにキリスト教を広めていく。

このベネディクト派修道院でも修道士らが葡萄を栽培し、ワインを醸造していた。同修道院では、ワインは慎しんだほうがよいとしながらも、ワインの効能も認めていた。ベネディクト派修道院では、1日およそ270ミリリットル、つまりいまでいえばボトル3分の1くらいのワインを飲むことを認めていた。

聖ベネディクトゥスは、謹厳（きんげん）そうで、じつはものわかりのいい人物だったようで、派手な宴会を認めてもいた。ふだんの生活がつましい分、たまの宴会を気晴らしとし、宴会に

（地図3）フランスの葡萄畑

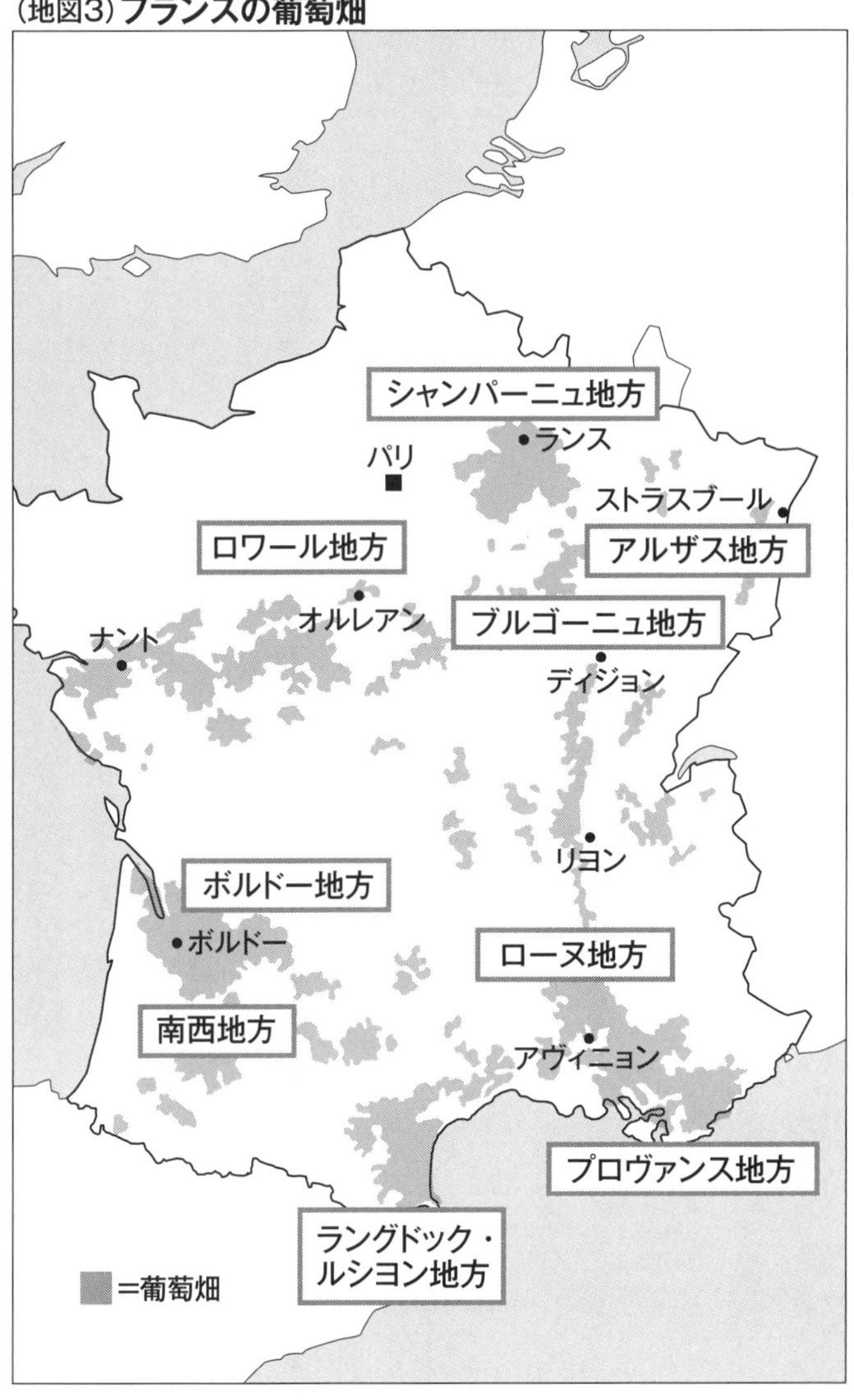

は肉やワインも供されたという。

◆カール大帝によるワイン復活の道

世界史のみならず、ワインの歴史で、大きな役割を果たしているのが、フランク王国のカール1世である。フランスでは「シャルルマーニュ」と呼ばれ、「大帝」とあだ名されている。

カール1世の登場以前から、フランク王国は西ヨーロッパの有力国に成長していた。8世紀前半、イスラム勢力がピレネー山脈を越えてガリアの大平原に侵攻したとき、これを止めたのが、フランク王国の宮宰(きゅうさい)カール・マルテルであった。マルテルの子ピピンは、キリスト教へと改宗もしていた。

8世紀後半に登場したカール1世は、西ローマ帝国の崩壊以来、バラバラになっていた西ヨーロッパ世界を再統合した人物である。彼はローマ教皇の要請もあって、イタリア半島でランゴバルト人と戦い、ランゴバルト王国を滅ぼしている。こののち、東方ではアヴァール人の襲来を食い止め、ザクセンに侵攻、いまのフランス、ドイツ、イタリア半島北部を手中に収めている。そこから、カール1世は「ヨーロッパの父」とも呼ばれる。

カール1世は800年にローマにおいて、ローマ教皇レオ3世からローマ皇帝の冠を授けられてもいる。カール1世は、ローマ教会の守護者を自認もした。

そのカール1世が力を注いでいたのが、王国内でのワイン造りだ。カール1世は、王国内の各地の教会に土地を与えて、ワイン造りを奨励もしている。

カール1世のワイン造りへの指導は、事細かかった。葡萄を足で踏む果汁づくりを禁止している。この禁止は現実的とはいいがたかったが、ワイン造りに衛生の観念を持ち込み、ワインを神聖なものと見なしたからだろう。あるいは、ワインを獣皮(じゅうひ)でつくった袋に貯蔵することを禁止しているのも、同じ考えからだろう。

カール1世は、ワインの生産者に対して、旅人にワインを直接売ることを認めている。このとき、生産者には客にそれと気づいてもらいやすいように木の枝を看板のように出すことを求めている。この習慣は、いまのウィーンの居酒屋であるホイリゲに残されている。

◆カール大帝は、キリスト教とワインによる統治を考えていた？

カール1世には、ワインに関してさまざまな逸話があり、カール1世のワインに対する炯眼(けいがん)ぶりを伝えている。その代表が、ドイツのラインガウの発見である。

ラインガウは、いまドイツワイン屈指の名産地なのだが、カール1世が登場するまでここに葡萄畑はなかったという。カール1世がライン川流域、インゲルハイム（いまのラインヘッセン地域内）にあったとき、対岸のラインガウ地域のヨハニスベルクの山麓では、春先に雪がいち早く消えていているのを発見した。カール1世は、ヨハニスベルクを葡萄栽培に適した地であると見抜き、葡萄を植えさせたといわれる。これには諸説あるが、カール1世の働きによってラインガウが名産地になっていったのはたしかだろう。

以後、ヨハニスベルクはドイツワインの歴史にたびたび登場し、時代の推進役ともなる。11世紀ごろ、この地にはベネディクト派修道士によって修道院が建てられ、やがて「シュロス・ヨハニスベルク（聖ヨハネの館）」と呼ばれるようになった。シュペートレーゼ（遅摘みワイン）、アウスレーゼ（超完熟葡萄のみ使用の厳選ワイン）の生産がはじまるのも、シュロス・ヨハニスベルクからである。後述するように、19世紀には、オーストリアの宰相メッテルニヒの所有となり、ドイツワインの象徴となっていた。ヨハニスベルクは、ラインガウの異称でもある。

あるいはカール1世はブルゴーニュにもともとよい畑を持っていて、これをソーリュー の寺院に寄進したという逸話がある。この畑が、いまのコルトン・シャルルマーニュであ

(地図4)ドイツの葡萄畑

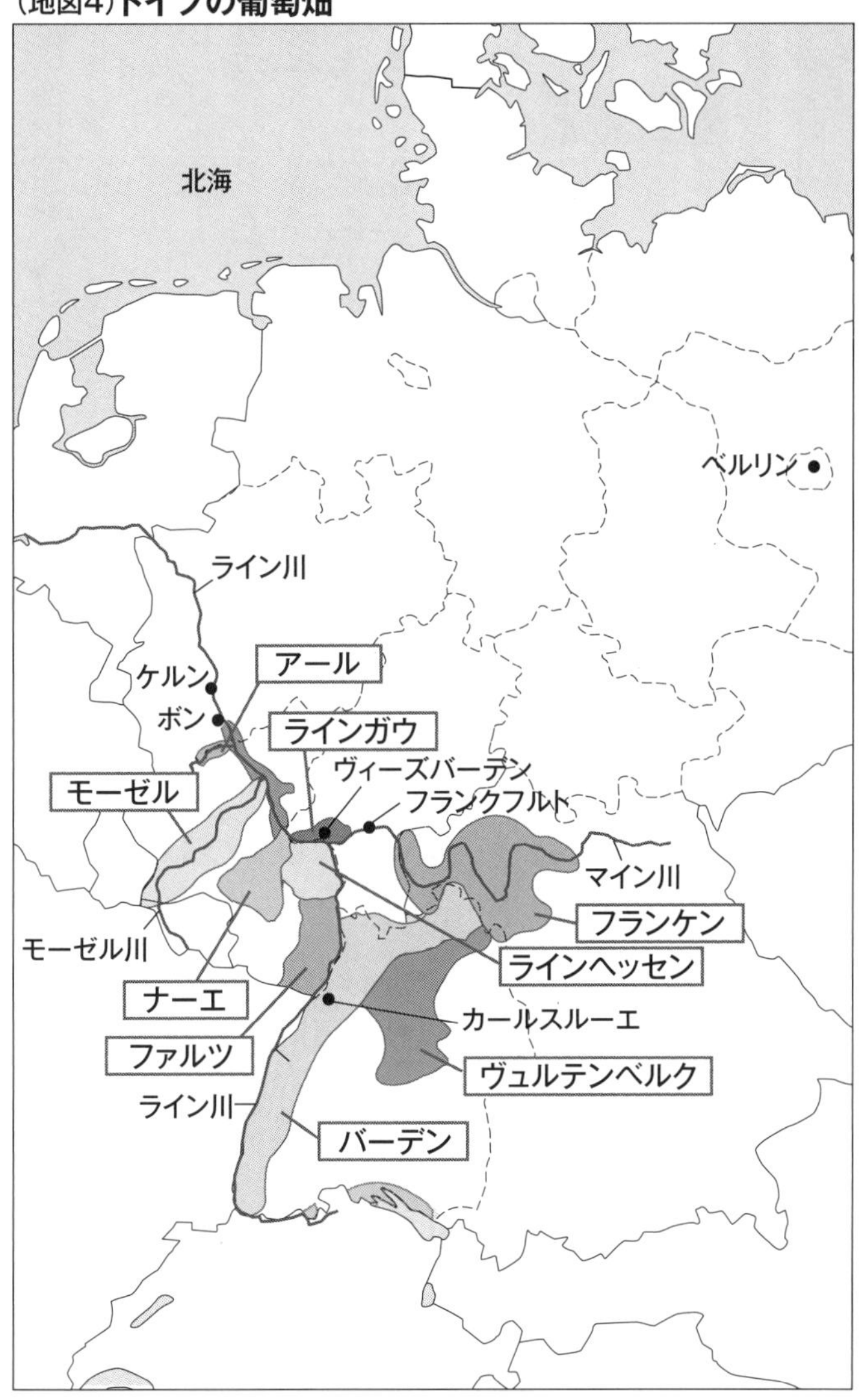
北海
ベルリン
ライン川
ケルン
ボン
アール
ラインガウ
ヴィーズバーデン
フランクフルト
モーゼル
マイン川
フランケン
モーゼル川
ラインヘッセン
ナーエ
カールスルーエ
ファルツ
ヴュルテンベルク
ライン川
バーデン

(地図5)ドイツワインの歴史を支えてきたラインガウ

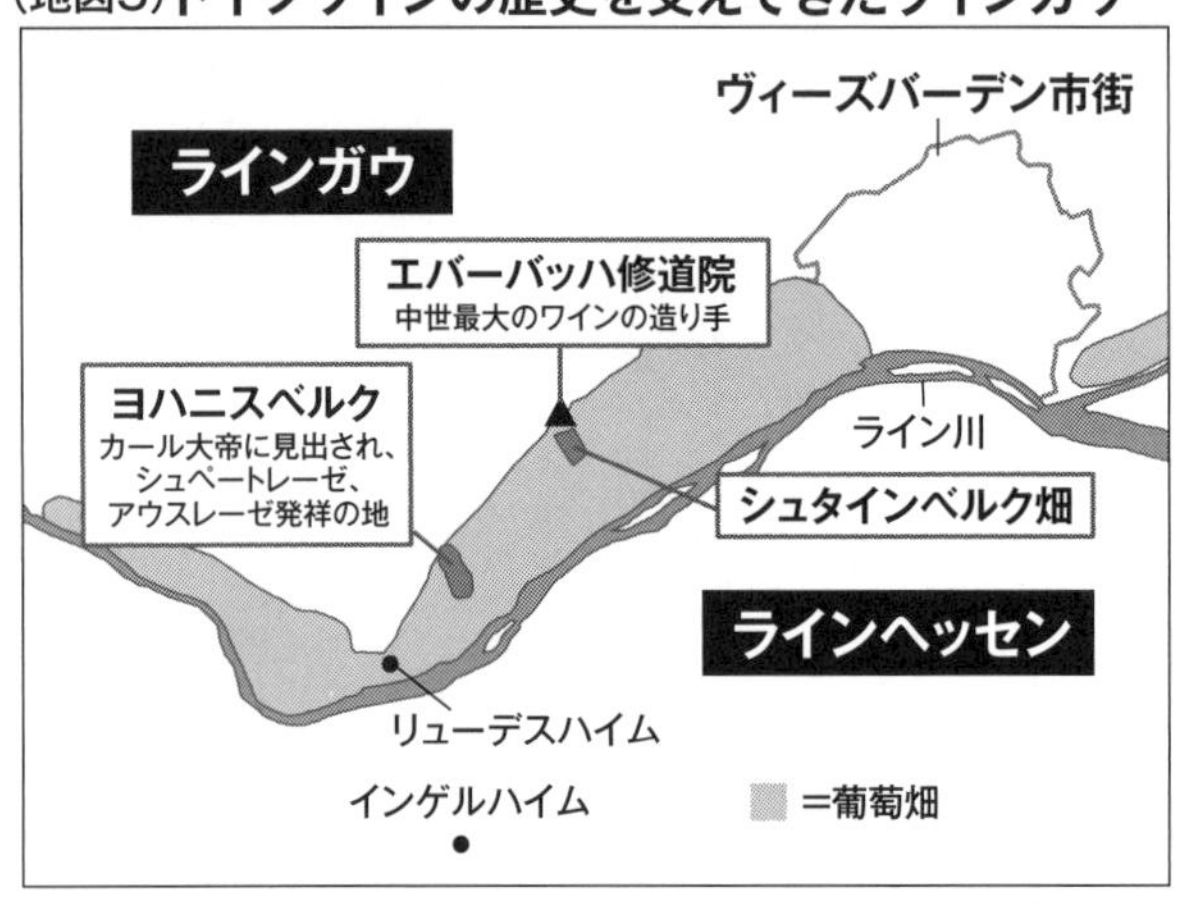

るという。

カール1世はワイン造りに熱心であり、行動的であったが、彼がなぜワイン造りに熱心であったかはわかっていない。実際のところ、彼はそんなにアルコールが好きではなく、大酒飲みを遠ざけていたともいわれる。あるいは、彼が好んだのはワインではなく、林檎(りんご)酒だったともされる。彼は、自らが飲みたくてワイン造りを奨励したわけではないようなのだ。

もしかしたら、カール1世は王国の安定のためにキリスト教とワインを利用していたというのが、真相かもしれない。巨大化したとはいえ、フランク王国は不安定である。その統治には各地にある教会を利用するしかない。ゆえに、カール1世はローマ教皇の保護者にもなり、各地の教会を安定させた。

と同時に、教会を中心にワイン造りを奨励することで、多くの者に葡萄畑の開墾や葡萄の栽培の仕事を与えようともした。彼は、気の荒いゲルマン人を土地に定着させ、穏やかにしていきたかった。

ワインによる経済興隆までも目指していただろう。あるところで余剰のワインがあれば、必ずカール1世のもとまで報告させた。カール1世は、余剰ワインを売るべきか、売るとすれば誰に売るかまで決めたというから、ワインを経済の「血」のようにも見なしていた。カール1世のキリスト教とワインへのアプローチは、つねに統治を意識したものだったと考えられるのだ。

カール1世は、フランク王国の維持と安定のためにワインを政治利用していたのかもしれない。

シュロス・ヨハニスベルク　ドイツワインの象徴であり、歴史でもある

ヨハニスベルクのあるラインガウ地方は、ライン川の右岸に位置し、斜面は南方を向いていて、

日当たりがよい。秀逸な白ワインの名産地として知られる一方、いまは赤ワインを生産している生産者もあり、これまた評判がいい。

ドイツワインといえばリースリングだが、ドイツでリースリングが主役になるのは18世紀以降のことだ。シュロス・ヨハニスベルクでは、1720年にリースリングの栽培がはじまっている。以後、シュロス・ヨハニスベルクのかぐわしく、滋味豊かで、しみじみした味わいのリースリングは、ドイツワインを象徴し、牽引してきた（写真は、シュロス・ヨハニスベルクのジルバーラック　トロッケン　白2020年）。

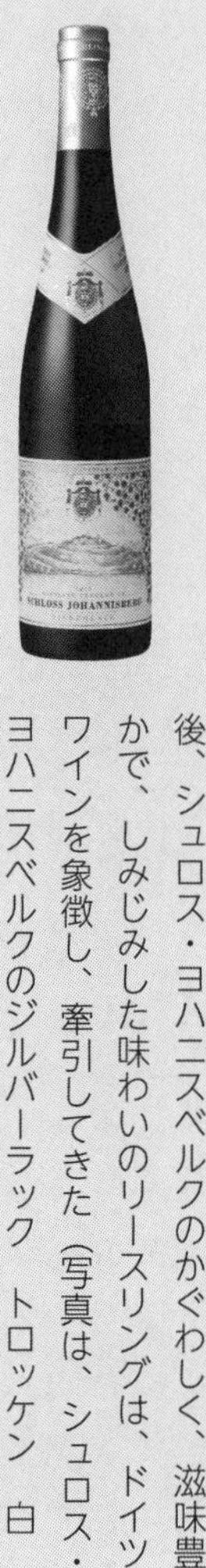

写真提供:国分グループ本社㈱

コルトン・シャルルマーニュ

ブルゴーニュ屈指の白ワイン

ブルゴーニュのコート・ド・ボーヌと呼ばれる地帯のもっとも北には、コルトンの丘がある。コルトンの丘では、赤ワイン、白ワインが生産され、すぐれた赤ワインの多くは「コルトン」「コルトン・ブレサンド」などの名で売られている。シャルドネによる白ワインが、偉大な「シャルルマーニュ（カール1世）」の名にちなむ「コルトン・シャルルマーニュ」となる。

コルトン・シャルルマーニュは、ブルゴーニュではモンラッシェに比肩しうる白ワインだ。その香りは豊穣であり、よく熟成したワインの余韻は長い。有力な造り手には、ボノー・デュ・マルトレ、コシュ・デュリ、ジョルジュ・ルーミエらがある。ルーミエはブルゴーニュ屈指の赤ワインの造り手だが、白ワインも手がけている（写真は、ジョルジュ・ルーミエのコルトン・シャルルマーニュ　グラン　クリュ　2020年）。

写真提供:㈱ラック・コーポレーション

◆よいワインの生産でフランスの中心に躍り出たパリ

西ヨーロッパのワイン文化の復興・改革者であったカール1世は、814年に没する。カール1世没後、彼の子孫たちが対立しはじめ、フランク王国は分裂する。

843年のヴェルダン条約では、フランク王国は、東フランク王国、西フランク王国、ロタール（中部フランク王国）に分かれている。東フランク王国は今日のドイツ、西フランク王国は今日のフランスの原型になり、ロタールのアルプス以南はイタリアとなっていく。

フランスを統治したのは、ユーグ・カペーにはじまるカペー王家である。ユーグ・カペーはロレーヌ大公シャルルと争い、国王となるが、このときユーグ・カペー選出にひと役買ったのがランス大司教アダルベロンの演説であった。シャンパーニュ地方のランスが、フランス王家に強い影響力を持っていた証しである。

ランスは、歴代フランス国王が戴冠する地でもある。ランスが力を持っていたのは、その周辺でよい葡萄を産していたからであろう。中世から近世、ランス周辺のワインはブルゴーニュのワインと並び称され、発泡性ワインであるシャンパンを誕生させてもいる。

ただカペー王家がフランスを統治するといっても、その初期に統治していたのはパリ周辺にすぎない。カペー王家は、じつに小さな王家だったのだ。

カペー王家がパリを中心地としたのは、セーヌ川沿いの盆地という立地に注目したからだろう。と同時に、ワインの視点から考えるなら、パリ周辺に葡萄畑が多かったからだと思われる。現在、パリ周辺からはほとんど葡萄畑は消え去っているが、ローマ帝国の時代からパリ周辺には葡萄畑があり、ワインを生産していた。しかも、よいワインの産地であった。

カペー王家にとって、ワインは国を潤してくれるものだったようだ。当時、ワインは高級品ながら、大きな需要もあった。とくにパリよりも北のヨーロッパでは、ワインの生産がむずかしくなるから、パリのワインは北方で求められた。パリを流れるセーヌ川の水運を利用して、パリのワインはフランドルやブリテン島にまで送られていた。

カペー王家自らも、葡萄畑を所有し、ワイン売りに精を出していた。カペー王家は、パリ周辺の河川に近い、日当たりのよい斜面に葡萄畑を所有していた。河川に近い葡萄畑なら、河川を使っての輸出のスピードは速くなる。

しかもカペー王家は、ワインの優先販売権を持っていたから、他の葡萄畑所有者よりも先に売ることができた。これが、じつは大きかった。当時、ワインは1年もすれば酸化して、飲めたものではなくなる。おいしいのは最初の3カ月くらいであり、新しい酒ほど人気があり、高い値で売られた。カペー王家はそのことを知り、ワインを優先販売して、荒稼ぎし、豊かになっていたのだ。カペー王家がパリを都としたのは、こうしたワイン事情もあったからだろう。

◆カトリック改革の旗手・クリュニー修道院が切り拓いたブルゴーニュの葡萄畑

フランク王国のカール1世の政策もあって、中世ヨーロッパでワイン造りの中心にありつづけたのはキリスト教の修道会や教会である。彼らはワイン造りに積極的であるのみならず、教会の改革者たらんともしている。

その嚆矢となるのが、クリュニー修道院である。クリュニー修道院は10世紀初頭、ブルゴーニュに誕生している。当時、西ヨーロッパではカトリックの信者が拡大するいっぽう、教会は弛緩し、堕落する傾向にあった。封建領主が私有の教会を持つことも少なくなく、私有教会は封建領主の意のままに操られもした。これらに対する反発が、クリュニー修道院の改革運動になったのである。

クリュニー修道会は、聖ベネディクトゥス以来の「祈れ、そして働け」の戒律を受け継ぎ、西ヨーロッパ世界に強い影響力を持つようになる。クリュニー修道院によって、ローマ教皇の地位が高められたという側面もある。

そのクリュニー修道院の力の源泉となっていたのが、ブルゴーニュの地政学的な地位とワインであった。10世紀当時、ブルゴーニュは東フランク王国（ドイツ）の勢力と西フランク王国（フランス）の勢力との間で係争の地であった。西フランク王国とそれを継承したフランスは、ブルゴーニュを東フランク王国に対する防衛ラインと見なしていて、クリュニー修道院を支援していた。ブルゴーニュの封建領主らはクリュニー修道院の力をアテにするようになり、土地の寄進もしていた。

当時、西ヨーロッパでは鉄が農器具に使われはじめ、農業革命が起きようとしていた。クリュニー修道院は多くの農地を所有し、これが経済力の根源になっていた。

もちろん、農地の中には葡萄畑もある。すでに古代ローマ帝国時代の末期から、ブルゴーニュには葡萄園があった。さすがに今日ほどの名声はなかったと思われるが、ブルゴーニュはワインで潤う土地であった。

クリュニー修道院とその一派は葡萄畑の開墾者でもあり、いまのロマネ・コンティとその周辺の土地も切り拓き、所有している。当時、ここで高いレベルのワインができていたかはともかく、ロマネの名で呼ばれるようになるこの畑を、彼らは17世紀まで所有していた。

クリュニー修道院には、ワイン生産で得た経済力もあり、ヨーロッパ各地に2000もの分院を持つほどの大勢力となっていたのだ。

◆さらなる改革者・シトー派修道会がはじめたブルゴーニュワインの品質向上

教会改革の旗手として登場したクリュニー修道院だが、その豊かな経済力ゆえに、堕落もしはじめた。クリュニー修道院の修道士は、ワインを飲みすぎ、「祈り、そして働け」

の戒律も怪しくなっていた。

そうしたなか、クリュニー修道院に対する反発として登場するのが、シトー派修道会である。シトー派修道会もまた、クリュニー修道院と同じく、ブルゴーニュで興る。彼らは、ブルゴーニュ地方の森深くに入り、自給自足の生活を送りながら、あるべき修道士の姿を追求した。彼らは、聖ベネディクトゥス以来の「祈り、そして働け」を過剰なまでに実践しようとしていた。

そこから生まれるのが、今日につながる芳醇なブルゴーニュワインの生産である。今日、ブルゴーニュワインはボルドーワインとともにフランスの誇る2大ワインであり、日本はもちろん世界にファンが多い。

けれども、ブルゴーニュのワインは、最初からいまのようなエレガントで芳醇なスタイルだったわけではない。他の葡萄産地と比較して、高く評価されていたわけでもない。シトー派修道会が登場するまで、現在、知られるブルゴーニュの有名畑も未開拓の荒れ地であった。現在、白ワインの最高峰といわれる「モンラッシェ」を産出する地帯は、「禿山（モンラッシェ）」と呼ばれていた荒れ地であった。そうした未開拓の荒れ野をシトー派修道士たちは開拓し、葡萄畑に変えていったのだ。

（地図6）ブルゴーニュは「コート・ドール」「シャブリ」「ボジョレ」に分かれる

しかも、シトー派修道士たちは、たんなる開拓者ではなかった。彼らは、ワインと土地（テロワール）の関係に気づき、土地によってワインが異なる味わいになることを経験しはじめていたと思われる。

現在、ブルゴーニュの畑にはじつに多くの区画があり、それぞれの区画ごとに独特の味わいがあるとされる。たった数十メートルしか離れていない区画であっても、その土地の土壌、傾斜、日照時間、水はけ、風の流れなどさまざまな微妙な要素によって、味わいが変わってくる。これがブルゴーニュワインの魅力になっている。

そこから先、彼らはその土地の特質を引き出すなら、よりよいワインができると考えはじめたのではないか。ブルゴーニュワインの原型は、こうしてできあがりつつあった。

◆シトー派修道士たちの「クロ・ド・ヴジョ」における実験とは？

シトー派によって生み出された最高の畑といえば、「クロ・ド・ヴジョ」だろう。現在、ブルゴーニュの特級畑として知られるクロ・ド・ヴジョは、彼らによって開墾され、18世紀のフランス革命に至るまで、彼らの独占してきた畑である。

クロ・ド・ヴジョ畑の特徴は、いまも周囲を石壁で囲ってあるところだ。「クロ」とは、壁で囲いをした農地のことであり、これがクロ・ド・ヴジョの由来だ。「ヴジョ」は、近くを流れるヴジュという小川に由来する。同じブルゴーニュのシャンベルタン・クロ・ド・ベーズもまた、石壁で囲まれていたから、その名がついている。

シトー派修道士たちがクロ・ド・ヴジョの畑を石壁で囲ったのには、意味がある。近くで飼育される家畜に踏み荒らされたくなかったからであり、それ以上によりよい葡萄を結実させるためだ。石壁は、冷たい風を遮ってくれ、日射を蓄熱してくれるから、夜の凍結も防げる。葡萄の樹は、クロによって寒さから守られているのだ。

シトー派修道士は、クロ・ド・ヴジョの畑で、これまでにない取り組みも行っている。それまで葡萄畑とはいっても、完全な葡萄畑ではなかった。梨や桃、胡桃(くるみ)などとの混栽が当たり前だった。20世紀後半にあっても、混栽をしている畑もあるくらいで、そんななか、シトー派修道士は、クロ・ド・ヴジョでの混栽をやめてしまい、葡萄のみを植えることにしたのだ。

これには、意味があった。葡萄のほかに、他の果樹も植えるなら、他の果樹に邪魔されて、葡萄への日照は減る。日差しの強い南仏やイタリアならともかく、日差しの弱いブルゴーニュではこれは避けたい。

さらに、土中の養分を他の果樹に奪われるなら、葡萄の果実は充実したものにならない。シトー派修道士はそこまで考え、混栽を捨てたのである。

シトー派修道士がブルゴーニュでなそうとしていたことは、ワインの品質向上である。そのためにはよき葡萄を育てることがなによりも重要と、彼らは考えてきた。

それは、シトー派修道士がイエスに忠実であろうとし、強い信仰心の持ち主であったからでもあろう。すでに紹介したように、イエスは自らを「葡萄の実」だとも語ってきた。イエスは、カナの婚礼でよいワインを出す奇跡も行っている。シトー派修道士がイエスに忠実であろうとすればするほど、イエスそのものである葡萄を立派に育てねばならず、造るワインもすぐれたものでなければならなかった。その宗教的な情熱が、ブルゴーニュのワインを独特のものにしていったのだ。

シトー派修道士たちは、フィサンやシャンボール、ヴォーヌ、コルトン、ボーヌ、ヴォルネ、ポマールなどの畑も開墾し、今日のブルゴーニュの畑の原型を生みだそうとしていた。現在、ブルゴーニュでもっともよいワインのできる丘陵は、「コート・ドール（黄金の丘）」と呼ばれる。シトー派修道会は、荒れ地を黄金の丘にしようとしていたのだ。

もちろん、そのための労働は過酷であった。11世紀のシトー派修道士の平均寿命は、28

歳くらいであったという。

現在のブルゴーニュにあっても、シトー派修道士の精神を継承しているかのような造り手は多くいる。彼らは、せっせと畑に出て、よく働く。畑仕事こそが、よいワインを生むという信念を持っている。

シトー派の精神を受け継いだかのような畑には、「ラ・ターシュ」があろう。現在、ドメーヌ・ド・ラ・ロマネ・コンティの所有であり、シトー派の嫌ったクリュニー修道院系の畑だが、銘酒ロマネ・コンティと双璧をなす。「ラ・ターシュ」とは、フランス語で「仕事」「責務」を意味する。どうしてその名がついたかには諸説あれども、よりよい仕事が、最高のワインを生み出すことを語っている。

クロ・ド・ヴジョ　なぜ、秀逸なワインと凡庸なワインに分かれるのか？

シトー派修道会によって生み出されたクロ・ド・ヴジョの畑は、現在、シトー派修道会の手から離れ、多くの造り手によって、分割所有されている。残念ながら、いまのクロ・ド・ヴジョ（クロ・ヴジョ）には秀逸なワインもあれば、凡庸(ぼんよう)なワインもある。というのも所有する場所によって、味わいが違うからだ。

クロ・ド・ヴジョでもっともよいワインは、斜面の上段、中段から生まれるとされ、下段はあまり期待できない。シトー派修道会が所有していた時代は、上段、中段、下段をブレンドして味の均一化を図っていたようだが、所有者が多くいる現代は、それができない。だから、下段の畑からは、期待外れのクロ・ド・ヴジョも生まれている。

とはいいながら、すぐれた造り手によるなら、さほど期待できない土地からも驚くほど立派なクロ・ド・ヴジョのワインも生まれるから、ワインはわからない。ミシェル・グロ、グロ・フレール・エ・スール、ニコル（フランソワ）・ラマルシュ、ジョルジュ・ミュニュレ・ジブールらのワインは定評がある。彼らのワインは日本にもよく流通し、比較的入手しやすい（写真は、ミシェル・グロのクロ　ヴジョ　グラン　クリュ　グラン　モーペルチュイ　2020年）。

写真提供：㈱ラック・コーポレーション

◆中世、修道会によって切り拓かれていく銘醸地

ヨーロッパの中世にあって、ワイン造りに奮闘していたのは、ブルゴーニュのシトー派

修道会のみではない。西ヨーロッパ各地で修道会が荒れ地を開拓し、葡萄畑としていった。

すでにカール1世の時代から、ドイツでも葡萄畑の拡大がはじまっていた。カール1世はドイツに2つのベネディクト派修道院を設立していて、この2つの修道院が各地で開墾をはじめていた。彼らは、ライン川流域のみならず、いまのフランスのアルザス、スイス、オーストリアなどに葡萄畑を広げていった。

その後、ドイツにあって、最大の開拓者となるのは、ラインガウ地方のエバーバッハ修道院だ。ラインガウの葡萄畑はカール1世によって拓かれていったとされ、12世紀にこの地にシトー派のエバーバッハ修道院が建設されている。エバーバッハ修道院には、ブルゴーニュからも修道士たちが派遣されていた。エバーバッハ修道院の修道士たちもまた「祈れ、そして働け」という厳格な戒律を守り、葡萄畑を開拓していった。

エバーバッハ修道院は神聖ローマ皇帝の庇護（ひご）もあり、ライン川に大きな船団を運航させ、ワインを輸出していた。12世紀には、エバーバッハ修道院はドイツのみならず、世界最大のワイン生産者になっていたとされる。

彼らもまた、よりよいワインを生み出そうとしていた。エバーバッハ修道院では、とくによいワインをキャビネットに保管していた。これが、現在でもドイツのワインラベル表示にある「カビネット（完熟葡萄を原料としたワイン）」の由来といわれる。

エバーバッハ修道院は、ブルゴーニュからやって来た修道士の影響もあって、ブルゴーニュのクロ・ド・ヴジョと同じ実験を行っている。彼らは、クロ・ド・ヴジョと同じように、「シュタインベルク」の畑を石で囲っている。シュタインベルクとは、「石の山」という意味だ。

また、ブルゴーニュのシトー派修道会のオーセールの分院は、シャブリを開墾している。シャブリは現在、白ワインの名産地として知られ、広義のブルゴーニュ地方に属する。ブルゴーニュの中心であるコート・ドール（黄金の丘）よりもずっと北に位置する。

もともとシャブリの地を開墾しようとしたのは、ロワール河畔のトゥールから移ってきたサン・マルタン修道院の修道士たちであったという。9世紀後半、ロワール河畔はスカンディナヴィア半島からやってきたヴァイキングに荒らされていた。教会、修道院とて、安全でなかった。ヴァイキングたちも、教会や修道会にあるワインを狙ってもいただろう。サン・マルタン修道院の修道士たちは、ヴァイキングの襲撃を恐れて、逃げ出し、西フランク王からシャブリの地を与えられていたが、開墾に失敗していた。

そうしたなか、シトー派のオーセール分院が開墾をはじめる。彼らは、コート・ドール

（黄金の丘）よりも冷涼な気候のシャブリを葡萄畑とし、パリを市場とした。シャブリが冷涼な気候であるという負荷を克服して高名なワインになるのは、20世紀になってからのことだが、その基盤をつくっていたのだ。

クロスター・エバーバッハ

ビスマルクも愛した模範的な白ワイン

ラインガウにあったエバーバッハ修道院は、19世紀には解散の憂き目を見ている。彼らの土地はその後、ナッサウのヘルツォーク家やプロイセン王国、ヘッセン州などの管理を経て、クロスター・エバーバッハ醸造所の所有となっている。プロイセン王国時代、エバーバッハのワインは首相であるビスマルク（のちの統一ドイツの宰相でもある）に愛された。クロスター・エバーバッハでは、いまも模範的な白ワインが生産されている。それも、手ごろな価格のものだ。また、エバーバッハ修道院は宗教施設ではないが、現存している（写真は、クロスター・エバーバッハ醸造所のシュタインベルガー　リースリング　2019年）。

写真提供:㈱モトックス

シャブリ　なぜ、コート・ドールの白ワインと違う味わいなのか？

シャブリは、パリとブルゴーニュの中心コート・ドールの中間に位置し、「ブルゴーニュ地方の黄金の扉」とも呼ばれる。同じシャルドネ種ながら、シャブリの白ワインはコート・ドールの白ワインとは風味が異なる。それは、シャブリの土壌に先史時代の牡蠣（かき）の殻が混ざっているからでもあれば、コート・ドールよりもずっと冷涼な気候にあるからでもあろう。

牡蠣の殻の土壌から、シャブリには魚介によく合う白ワインというイメージがある。そのせいか、シャブリは日本人が早くから飲んでいたワインだ（写真は、ヴァンサン・ドーヴィサのシャブリ　グラン　クリュ　レ　クロ　2020年）。

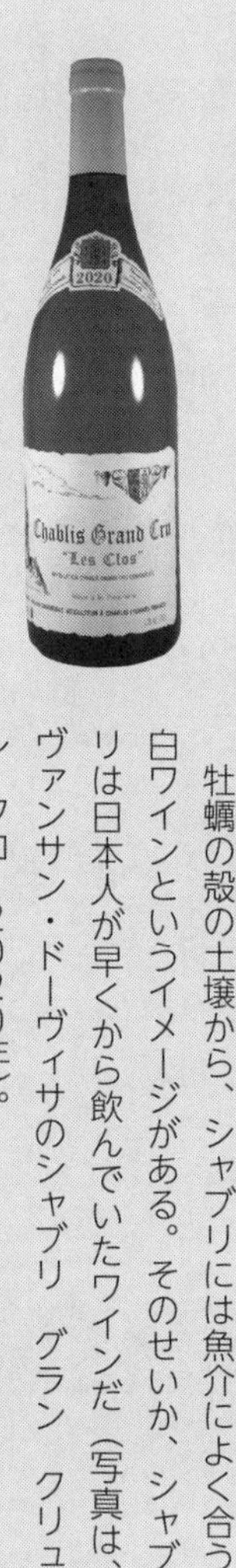

写真提供：㈱ラック・コーポレーション

◆ムハンマドの登場によって、ワインが消えていった中東世界

7世紀以降、西ヨーロッパのワインが復興の道を模索した時代、ワインの消滅へと向

かっていったのが中東である。中東は、古代以来、ワインの先進地帯であった。中東の王侯貴族たちもワインを愛してきたのだが、そこに登場したのが預言者ムハンマドである。

ムハンマドは、570年ごろにアラビア半島のメッカの名門クライシュ族のハーシム家に生まれている。ムハンマドは610年ごろにアッラーからの啓示を受ける。以後、ムハンマドはイスラムの教えを説き、アラビア半島はイスラムの教えにより団結する。

イスラム教徒たちはササン朝ペルシャを滅ぼし、ビザンツ帝国を圧し、一大イスラム帝国を築いていく。この過程で、中東からワインが消えはじめていったのだ。

ただ、もともとムハンマドはワインを敵視していたわけではない。もともとメッカでは、ワインはよく飲まれていた。ムハンマドも、当初はワインを認めていた。

イスラム教は、ユダヤ教やキリスト教の教えを取り込んでいて、イスラム教とキリスト教は兄弟宗教のような側面がある。キリスト教がワインを重視していたように、当初、ムハンマドもワインを重視してもいたようだ。『コーラン』には、「われわれはおまえたちに、ヤシと葡萄の実を与えよう」という一節もある。ムハンマド自身も、信徒たちと酒席をともにしていた。

ムハンマドの考えが変わるのは、ある酒席での出来事からだ。酔っぱらったメッカの信徒とメディナ（ヤスリブ）の信徒がムハンマドの前で喧嘩をはじめて、ムハンマドは困ってしまった。このとき、ムハンマドはワインの害のほうを重視したと思われる。彼は、「ワインと博打、偶像と賭け矢は、悪魔によって発明された忌まわしいものである。これらをやめよ」と語り、ワインを禁止してしまったのだ。

　ワインは、ほどよい酔いなら、人々をまとめていく力を持つ。けれども、酔いがすぎれば、いさかいのもとにもなる。イスラムのもと、バラバラだったアラビア世界をまとめたいムハンマドは、いさかいを嫌い、ワインを封印しようとしたのかもしれない。

　このイラスムによるワイン禁止によって、かつての銘醸地からもワインが消えている。たとえば、パレスチナだ。古代、この地には、ユダヤ教徒があり、イエスが登場した。葡萄畑があり、よきワインがあったと思われるが、イスラム化が進行するにつれ、葡萄畑は放棄されていった。

　20世紀、イスラエルの地にユダヤ人たちが戻ってきたとき、ここにワインはなかった。イスラエル建国ののち、この地ではふたたびワイン造りがはじまっている。

　ただ、イスラム世界が広がっても、イスラム世界の中でワインは完全に根絶はされなかったようだ。イスラム世界の宮廷では、王家の者や貴族たちがワインを愉しんでいたと思われる。

11～12世紀、中東で圧倒的な存在であったセルジューク朝には、オマル・ハイヤームという科学者が登場している。彼は詩人でもあり、『ルバイヤート（四行詩）』という詩集を残している。そこには、「友よ、私の家であの結婚式で心ゆくまで酒を飲んでから、どれくらいたつだろう。（中略）葡萄という娘を妻に娶（めと）った、あの結婚式」という一節もある。イスラムの教えに厳格でない地域では、ワインが飲まれていたようだ。

第3章 英仏百年戦争を巡るブルゴーニュ、ボルドー、シャンパーニュの戦い

◆ボルドーとイングランドの蜜月

西ヨーロッパの中世は、各地で葡萄畑が拡大し、新たなワイン世界が広がろうとする時代である。そんな時代、フランスのボルドーのワインは独特の浮上をはじめる。ボルドーが浮上しえたのは、ひとえにイングランド王とつながりを持ったからだ。

ここでフランスとイングランドの歴史をかいつまんでおくと、フランスとイングランドを結びつけたのは、1066年の「ノルマン・コンクェスト」という事件によってだ。フランスのノルマンディー公ギョーム2世が海を渡り、ブリテン島に上陸、ヘースティングスの戦いに勝利、ウィリアム1世としてイングランド王に即位したという事件だ。これがイングランドのノルマン朝のはじまりであり、現在のイギリス王室もウィリアム1世の血

を継承している。

12世紀半ば、ノルマン朝の血筋がイングランド内で途絶えたとき、新たにイングランド王に即位したのがフランスのアンジュー伯アンリである。彼は、ノルマン朝の始祖ウィリアム1世の孫娘の子であり、イングランドでヘンリ2世として即位する。これが、プランタジネット朝のはじまりだ。

この瞬間、イングランド王ヘンリ2世はフランス国内にあってフランス北部のノルマンディー、アンジューのみならず、南西部のアキテーヌも支配したことになる。というのも、ヘンリ2世の妃アリエノール（エレノア）が、アキテーヌ公領の相続人だったからだ。アキテーヌ公領はガスコーニュ地方やボルドーも含んでいた。これにより、ボルドーはイングランド王家とつながったのである。

プランタジネット朝のイングランド王ヘンリ2世は、イングランドのみならず、フランス国内に多くの土地を領有していた。フランス王よりも土地持ちであり、ヘンリ2世の版図は「アンジュー帝国」ともいわれる。

ただ、ボルドーとイングランドはワインによってすぐに結びついたわけではない。この時代、ボルドー周辺にほとんど葡萄畑がなかったからだ。とくに、現在、花形造り手の集中するメドック地区（147ページ地図11参照）は、ほとんどが海に没したかのような沼沢地であった。ボルドーは商業港にすぎず、商業港には近くにラ・ロシェルというライバルがあり、ラ・ロシェルはワインの産地でもあった。ボルドーはガスコーニュ地方の内陸で生産されたワインの積み出し港ではあったものの、その地位はたしかとはいえなかったのだ。

ボルドーとイングランド王が接近するのは、ヘンリ2世の子リチャード1世の時代である。リチャード1世は、十字軍に参加し、「獅子心王」ともいわれた勇猛な人物である。リチャード1世は、イングランド王に即位しても、イングランドではほとんど生活していなかった。彼はボルドーを本拠としていて、ガスコーニュのワインに親しんでいた。そんな人物のいる王家とつながりができたことは、ボルドーにとってチャンスだったのだ

ボルドーとイングランド王がより結びついていくのは、リチャード1世の弟ジョンの時代である。ジョンのイギリスでの評判は悪い。ジョンの時代に、イングランド王家の所有していたフランス内の土地が、フランス国王フィリップ2世に次々と奪われたからだ。そこから、ジョンは「失地王」とも呼ばれている。

イングランド国内にあっては、ジョンはロンドンの貴族や市民に「マグナ＝カルタ（大

憲章)」を突きつけられ、調印させられている。「マグナ＝カルタ」は、イギリスの立憲政治の基盤になったとはいえ、ジョンは愚物として語られてきた。

けれども、ボルドーでは違った。ジョンが、ガスコーニュのワインを大量に買ってくれたからだ。それは、ボルドーの中継交易を潤していた。

ジョンの時代、フランスのフィリップ2世によって、フランスに持っていた土地は次々奪われ、アキテーヌに残された土地は、ボルドーなどわずかとなる。追い討ちをかけるように、イベリア半島のカスティリャ王がボルドーを攻めてきたが、ボルドーは屈せず、イングランド王ジョンに忠誠を示した。

ジョンの死後、ボルドーのライバルだったラ・ロシェルも、フランス王に降伏した。が、ボルドーはフランス王に屈せず、イングランド王に忠誠を尽くした。ボルドーは、イングランドとの交易に懸けていたのだ。

結局のところ、ボルドーは12世紀から15世紀の半ばまで、イングランド王の領地としてありつづける。イングランド王は、ボルドーの忠誠に対する見返りに、ボルドーを介してアキテーヌの内陸のワインを買いつづけた。こうしてボルドーとイングランドは緊密化し、ボルドー産ワインの台頭の素地をつくったのだ。

◆ワイン産地として浮上した、イングランド王による「ボルドー特権」

12世紀以来、ボルドーはイングランド王の領地となり、イングランドと蜜月になることで成長する。それまで葡萄畑のあまりなかったボルドー周辺に、葡萄畑が生まれ、ボルドーは一大産地へと変貌していく。その成長の鍵は、イングランド王から与えられたボルドーの特権であった。ボルドーの得ていた特権は、「ボルドー慣行」とも呼ばれる。

ボルドーの特権には、ボルドーワインの免税が認められていた。それだけでなく、内陸のワインは、11月11日の聖マルタンの日までボルドーへの持ち込みが禁じられていた。つまり、11月11日までは、ボルドーは自らの産出したワインを優先的にイングランドに輸出して売りさばくことができた。

すでに述べたように、この時代、ワインの寿命は短い。酸化によって1年も持たないから、新しい酒ほど好まれ、高値で売れた。ボルドーはボルドー産ワインをまずは高値で売りさばいたのち、内陸のワインを売っていたのだ。しかも、不作の年は例外であり、10月からでも内陸のワインのボルドー搬入が許可され、ボルドーは不足分を内陸ワインで補填(ほてん)することができた。

もちろん、ボルドー周辺にはボルドー特権に対する反発があり、揉め事もあったが、ボルドー特権は歴代イングランド王に黙認されていた。ボルドー特権は、18世紀半ばまでつづいている。

ボルドー特権によって潤うボルドーでは、ワイン生産がよりさかんになりはじめる。ただ、当時のボルドーワインは、いまのボルドーワインとはまったく別物である。

現在、ボルドー産ワインは、英語で「クラレット」とも呼ばれている。現在のクラレット、ボルドー産ワインは、赤茶色の液体であり、重厚で厳(いか)めしくさえもあるが、13世紀ごろのクラレットは、色の薄い、ロゼのようなワインだったとされる。この薄いロゼのようなワインが、イングランドでよく売れた。イングランド国王エドワード2世は自らの戴冠式にボルドーワインを1000樽も買い、ロンドンの市民にもふるまっている。

ボルドー特権に戻るなら、ガスコーニュの内陸部のワインの可能性を奪ってきてもいる。内陸のガロンヌ川流域（29ページ地図2参照）は、古くからワインの産地であり、じつはイングランド王も初期にはガスコーニュのワインを求めていた。けれども、ボルドーが特権を得て、自らのワインを優先的に売り、荒稼ぎするようになると、内陸のワインは安物ワインとして低迷していく。しかも、販路開拓にはボルドーを頼るしかなく、内陸ワインは独自の販路を持ちにくかった。

そのため、内陸では秀逸なワインを生み出す改革がむずかしくなった。17世紀以降、ボルドーで優秀なワインが生産されはじめると、ますます埋もれてしまったのだ。

◆教皇のバビロン捕囚と「シャトーヌフ・デュ・パプ」

14世紀初頭、西ヨーロッパのキリスト教世界は大事件を経験する。アナーニ事件というローマ教皇監禁・暴行事件ののち、教皇庁がローマからフランスのアヴィニョンに移転してしまったのだ。

すべてを企図したのは、フランス・カペー王家のフィリップ4世である。フィリップ4世は野心的な王であり、ローマ教皇が世界で一番エラいと思っている教皇ボニファティウス8世と対立した。対立のすえ、フィリップ4世は、家臣をイタリアのアナーニへと派遣、ボニファティウス8世を監禁・暴行させていた。

ボニファティウス8世は近隣の住人に救出されたものの、事件ののちすぐに没している。こののち、ボルドーの大司教であったベルトラン・ド・ゴーが、クレメンス5世として教皇に選出される。クレメンス5世は一度もローマに入ることなく、フランス国内を旅し、

（地図7）14世紀、教皇たちが愛したアヴィニョンとワイン

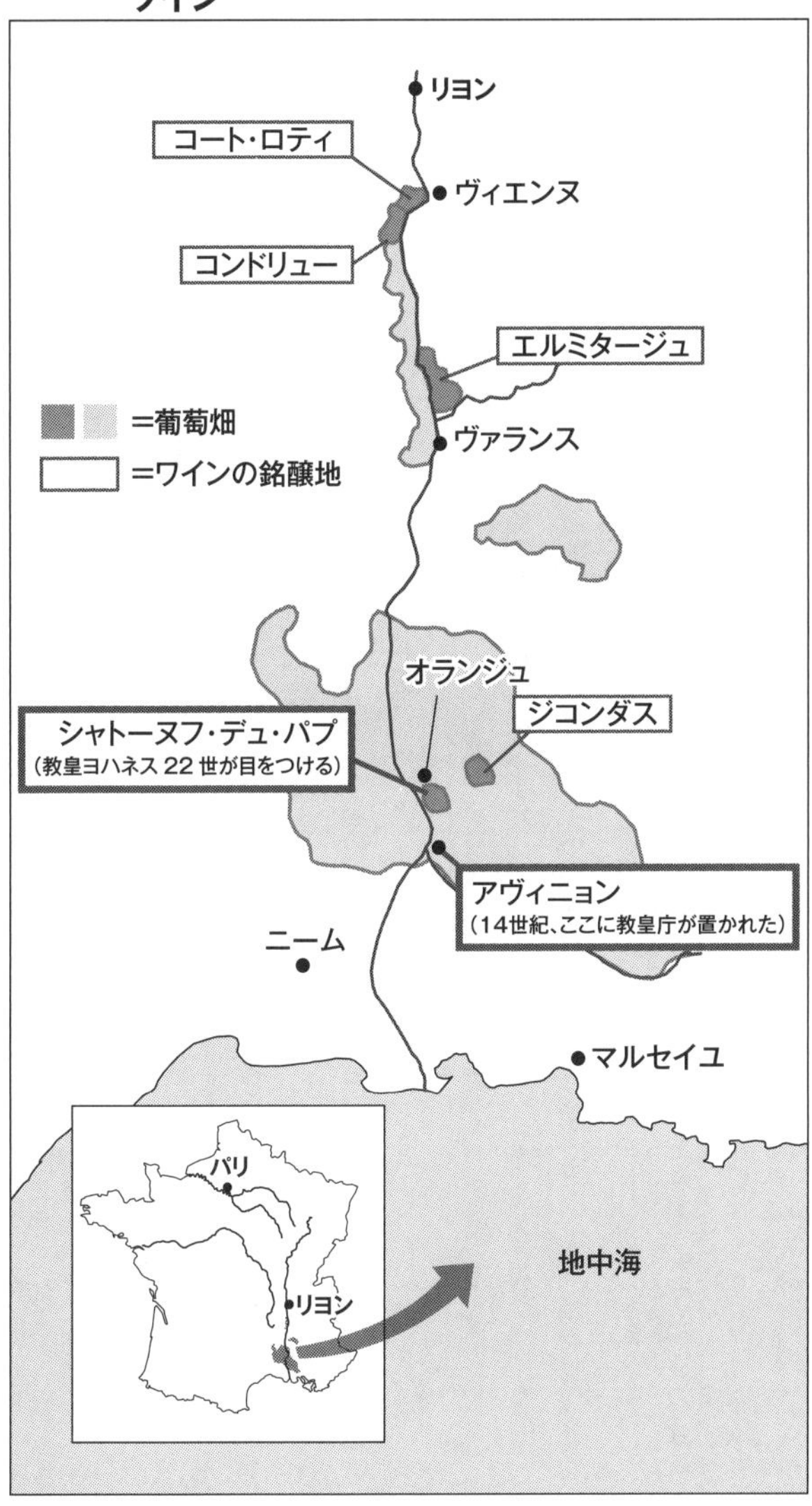

アヴィニョンを永住の地とした。以後、およそ70年にわたって、教皇庁はアヴィニョンに置かれることとなる。これを、「教皇のバビロン捕囚」という。かつてユダヤ人が、アッシリアや新バビロニアの王によってバビロニアに連行された事件になぞらえての造語だ。

ただ、当の教皇、とくにクレメンス5世にとっては、「捕囚」という感覚はなく、むしろアヴィニョン移転は好ましかったと思われる。アヴィニョン移転は、フランス国王の意思でもあったが、クレメンス5世の趣味にかなっていたのだ

当時、ローマ周辺の政情は不安定であり、教皇はローマ入りを避けたかった。それ以上に、教皇クレメンス5世はフランスの土地、さらにはワインを気に入っていたようだ。

クレメンス5世は、もともとはボルドーの大司教。彼は司教の領地内に葡萄畑も有していて、ワイン造りにも熱心であった。彼の死後も、ボルドー大司教の葡萄畑は大事にされ、ワイン造りは進化もした。そこから生まれるのが、今日の「シャトー・パプ・クレマン」である。「パプ」とは教皇のことであり、教皇クレメンス5世に敬意を払っての命名だ。

クレメンス5世が没してのち、教皇に選出されたのが、フランス・カオール出身のヨハネス22世だ。ヨハネス22世もまたワインを好み、さらに蓄財のためにワイン造りに励もうとした。彼は、アヴィニョン郊外の地に可能性を見て、ここに葡萄畑を拓(ひら)き、夏の離宮を

築いている。離宮は現在は消滅しているものの、葡萄畑は、19世紀ごろから「シャトーヌフ・デュ・パプ（教皇の新しい城）」と呼ばれるようになる。

現在、シャトーヌフ・デュ・パプは、南仏随一のワイン生産地と賞賛されている。それは、ヨハネス22世の炯眼を意味し、教皇はフランスのワイン造りに貢献していたのだ。

教皇の「バビロン捕囚」は教皇にとって苦痛ではなく、むしろ愉しい時間であった。教皇たちはフランスのワインを愛し、フランスワインに可能性を見ていたのだ。

シャトー・パプ・クレマン

重厚感と深みのある古典的ボルドーワイン

ローマ教皇クレメンス5世に由来するシャトー（おもにボルドー地方のワイン生産者のこと）は、ボルドー市の西、ペサック・レオニャンに立地している。乾燥した砂地と砂利は葡萄栽培に適していて、周辺には、シャトー・オー・ブリオン、シャトー・ラ・ミッション・オー・ブリオンがある。

写真提供：㈱徳岡

「黒い液体」ともいえるパプ・クレマンは、古典的なボルドーワインであり、重厚感と深みがある。取っつきのいいワインではないが、飲む者を厳かな気分にする。赤ワインのみならず、白ワインも生産している（写真は、シャトー　パプ　クレマン　赤　2008年）。

シャトーヌフ・デュ・パプ

強めのアルコールとタンニンが特色

南仏のワインを代表する存在であり、スパイシーで、多くは重厚である。アルコール度数は、しばしば14度を超え、豊かなタンニンに恵まれている。傑出したシャトーヌフ・デュ・パプは、ボルドーの銘醸ワインにも比肩する。有力な造り手に、シャトー・ド・ボーカステル、シャトー・ラヤス、ドメーヌ・ド・ラ・ジャナスなどがある（写真は、ドメーヌ・ド・ラ・ジャナスのシャトーヌフ・デュ・パプ　2019年）。

写真提供:㈱エイ・エム・ズィー

◆「王の愛するワイン」となっていたブルゴーニュワイン

先のアナーニ事件を引き起こしたフランス国王フィリップ4世、アヴィニョンに居を移した教皇クレメンス5世らが好んだワインといえば、ブルゴーニュのワインである。すでに述べたように、シトー派修道会の努力を中心に、ブルゴーニュのワインの品質は向上していて、フランス国王や教皇を魅了していた。当時、ボルドーのワインは、先述したように現在とはまったく違うスタイルであったから、ボルドー出身の教皇であれ、ブルゴーニュワインに魅せられたのだ。

14世紀、ブルゴーニュワインの中でもっとも愛されたのは、ボーヌのワインであったという。ボーヌはブルゴーニュの中心とはいえ（51ページ地図6参照）、現在では、飛び抜けたワインを産出するわけではない。ただ、14世紀の時点では、よいワインを生産していたようだ。また、ボーヌといっても、その中には南のヴォルネ（じつは、いまはボーヌよりも令名が高い）までもが含まれていたようだから、ボーヌはブルゴーニュワインの象徴だったのかもしれない。当時、ボーヌのワインとして人気があったのは、薄い赤ワインや白ワインだったという。

ボーヌのワインは、とりわけフランス国王と結びついて、令名を高めている。フランス国王フィリップ4世はボーヌのワインを大変好み、宮廷御用達（ごようたし）ワインに指名までしている。

フィリップ4世の子シャルル4世が死去してのち、カペー王家は断絶する。代わって、フィリップ4世の甥であるヴァロワ家のフィリップが、フィリップ6世として国王に即位、ヴァロワ朝がはじまる。これが英仏百年戦争の遠因にもなるが、フィリップ6世の戴冠式にあっては、ボーヌのワインが供されている。

ブルゴーニュは、ワインによる富を背景にして、「中世の大国」にものしあがっている。中世の「ブルゴーニュ公国」は、ヴァロワ家のフランス国王シャルル5世の弟フィリップを始祖としている。以後、ジャン「無怖公」、フィリップ3世「善良公」、シャルル「突進公」とつづく時代、ブルゴーニュ公国は豊かさを誇り、フランス王国とも一線を画し、西ヨーロッパ随一の国にもなっている。

当時、ドイツの神聖ローマ帝国は分裂状態にあったし、豊かさに関してはフランスはブルゴーニュ公国にかなわなかった。オーストリアのハプスブルク家はまだまだ田舎者であり、ハプスブルク家のマクシミリアン1世が、シャルル「突進公」の娘マリと結婚したことが、ハプスブルク家の浮上のきっかけにもなっている。マクシミリアンは、ブルゴーニュで育ち、ブルゴーニュの豊かさを享受していた。そのマクシミリアン1世の孫が、神聖ローマ皇帝、スペイン王を兼ねたカール5世（カルロス1世）となる。

ボーヌ　現在は中級クラスだが、ブルゴーニュを知るにはちょうどいい

かつては「王のワイン」といわれたボーヌのワインだが、現在はブルゴーニュの中堅的な存在になっている。一つには、シャンベルタンやミュジニのような有名な特級畑（グラン・クリュ）が一つもないからだ。

とはいえ、ボーヌのワインは親しみやすく、人を和ませてくれる。典型的なブルゴーニュワインとして、ブルゴーニュのワインがいかなるものかを知るにはちょうどいい。ブルゴーニュワインの価格が高騰していくなか、比較的入手しやすい価格も魅力となっている。トロ＝ボーやジョセフ・ドルーアンら優良な生産者も多い。名門であり大手ネゴシアン（ワインの卸売商）であるルイ・ジャドは、ボーヌを本拠地にしている（写真はトロ＝ボーのボーヌ　プルミエ　クリュ　グレーヴ　2020年）。

写真提供：㈱ラック・コーポレーション

◆ペスト禍のなか、ブルゴーニュに広まった変異種ガメイ

14世紀、ブルゴーニュ公国は絶頂にあったが、この時代、ブルゴーニュのワインには変化が起きている。ガメイ種が登場し、これが多く栽培されるようになったからだ。

赤ワインの品種であるガメイ（ガメ）は、ブルゴーニュワインの本流ではない。ブルゴーニュの中心地コート・ドール（黄金の丘）に植えられているのは、ピノ・ノワールだ。ガメイはブルゴーニュのボジョレ地区では主役なのだが、高級なブルゴーニュワインには使用されないのがならわしである。

ガメイは、ピノ・ノワールの変異種ともいわれる。ただ、ピノ・ノワールのような気品や複雑性を持たないから、ピノ・ノワールとは月とスッポンのように語られてきた。

いつガメイがブルゴーニュの地に登場したかは定かではないが、ガメイがよく植えられるようになるのは、14世紀半ば、ヨーロッパを襲ったペスト禍によってである。１３４８年から１３４９年にかけて、ブルゴーニュにもペストが襲来し、葡萄を育てる修道士たちの命を奪っていった。しまいには、葡萄栽培どころではなくなり、放棄される農地もあった。この労働力不足の危機にあって、ガメイの栽培がはじまったのだ。ガメイなら、栽培

にさほど手間がかからないうえ、ピノ・ノワール以上の大きな収穫量も見込めるからだ。

ピノ・ノワールは、気むずかしい品種である。果皮が薄いため、病気に弱いうえ、神経質なまでに栽培に気を配らないと、よい実とはならない。ペスト禍よりも前なら、修道士たちがピノ・ノワールを上手に栽培していたが、修道士も不足してきたなか、もはや贅沢はいっていられない。ガメイは手間のかからない、しかも病気にも強い品種である。というわけで、ブルゴーニュでガメイがさかんに植えられるようになったのだ。

この変化を憂慮したのが、ブルゴーニュ公国のジャン「無怖公」である。彼は、「不埒なガメイ種」を根絶するように公爵令を出している。つまり、ブルゴーニュの赤ワインの種は、ピノ・ノワールに限るとしたのだ。つづいて、ジャンの孫フィリップ3世「善良公」もまたガメイを駆逐するよう命じている。

歴代ブルゴーニュ公国の君主たちが、ガメイを嫌い、ピノ・ノワールを重んじたのは、ガメイを二流の種と断じたからである。ガメイは飲みやすく、すっきりしたワインにはなっても、ピノ・ノワールのような豊穣、芳醇で深みのあるワインにはならない。

ブルゴーニュは、これまでボーヌを中心に品質の高いワインにより令名を高め、国を富ませてきた。そうしたなか、ガメイがブルゴーニュの中心に居すわるようになれば、ブルゴーニュの名声に疵がつく。ピノ・ノワールのワインにガメイが混じるなら、ピノ・ノワールの美しさが損なわれよう。そうなると、ブルゴーニュの豊かさは保障されなくなる。ただ、歴代のブルゴーニュ公国の君主たちが禁じても、ガメイはブルゴーニュで栽培されつづけてきた。ガメイはしぶとく生き残り、むしろ栽培面積を拡大さえもしていた。

ずっと後世になるが、1855年の統計によると、コート・ドールには2万6500ヘクタールの葡萄畑があった。このうち、ガメイの面積は、2万2000ヘクタールにもなっていたという。ガメイの作付面積は20世紀後半になって1万ヘクタールを切るようになるのだが、それまでガメイは、ブルゴーニュでよく栽培されたこともたしかなのだ。

ブルゴーニュでガメイが優勢になっていったのは、需要があったからだ。中世の初期のころは、ワインを飲めるのはひと握りの王侯貴族や教会、修道院の者たちに限られていた。けれども、ヨーロッパで農業革命が進展し、商業経済が活発化した中世後期にもなると、都市の住人もワインの味を知るようになる。彼らは、高いワインは飲めないが、安ワインなら買えた。それが、ブルゴーニュのガメイであったのだ。

ブルゴーニュには、パリという大市場があったから、ガメイの安ワインをパリに送りつづけていた。作付面積を減らしたピノ・ノワールはといえば、生産量を減らしてしまったがゆえに、希少価値となった。ゆえに、ブルゴーニュのピノ・ノワールのワインは高級化し、一部の権力者、お金持ちのものになっていたのである。

このガメイとピノ・ノワールの問題は、現代にもいまだ残りつづけている。21世紀を迎えてのち、ブルゴーニュワインは高騰をつづけ、飲めるのはひと握りの者になろうとしている。

ただ、ブルゴーニュのワインでも、ガメイをブレンドしたワインなら、まだ安く手に入りやすい。「ブルゴーニュ・パストゥグラン」「コトー・ブルギニョン」などと名づけられたワインがそれであり、大衆でもブルゴーニュワインの片鱗（へんりん）を味わえる。

実際、近年、ピノ・ノワール１００パーセントのブルゴーニュワインよりも味がよい「ブルゴーニュ・パストゥグラン」はかなり存在しているのだ。ブルゴーニュワインのよさを少しでも多くの人に知ってもらいたいと考える、腕のいい生産者は、ピノ・ノワールから驚くほどの秀でたワインを造る一方で、廉価ながら高品質の「ブルゴーニュ・パストゥグラン」「コトー・ブルギニョン」も造っている。

ワインは大衆のものか、お金持ちのためのものなのか。ガメイとピノ・ノワールの問題は、それを問いつづけてもいるのだ。

◆ブルゴーニュとボルドーがフランスと敵対していた百年戦争

１３３７年、イングランドとフランスの間で、百年戦争がはじまる。百年戦争をはじめたのは、イングランドのプランタジネット王家のエドワード３世である。エドワード３世の母は、フランス・カペー王家のフィリップ４世の娘イザベルであったから、エドワード３世にはフランス王の継承権があると考えたのだ。

百年戦争は、たびたびの中断を挟みながら、１４５３年に決着する。最終的にはフランス王がフランス国内からイングランド勢を叩き出して終わるのだが、最終局面に至るまで、つねに優勢であったのはイングランドであった。

イングランドがフランス相手に優位にあったのは、ブルゴーニュ公国を味方にしたからだ。ブルゴーニュ公は、もともとはフランス・ヴァロワ王家から枝分かれした、国王の親戚のようなものだ。なのに、イングランドに与(くみ)したのは、フランスの宮廷内での対立があったからだ。ブルゴーニュ派と対立したのは、王太子シャルル（のちのシャルル７世）を中心とするアルマニャック派だ。ブルゴーニュ公ジャン「無怖公」は、アルマニャック派に暗殺されている。フィリップ３世「善良公」はこれを恨み、イングランドに味方した。

というわけで、百年戦争では、ブルゴーニュ、ボルドーというワインの名産地がフランスの敵になってしまった。ボルドーはすでに述べたように、フランスにありながら長くイングランド王領となっていた。そこにブルゴーニュまでも、反フランスに回り、フランス王を追い詰めていったのだ。

百年戦争にあってフランスが最終的な勝利を得たのは、ブルゴーニュ公国と和解が達成できたからだ。フランス王シャルル7世はブルゴーニュ公国のフィリップ3世「善良公」に、彼の父ジャン暗殺を謝罪し、アラスの和約となった。

百年戦争にあって、最後までイングランドに与したのは、ボルドーである。百年戦争下、両者はより結びついていた。すでに紹介した「ボルドー特権」は拡大され、内陸ワインのボルドーへの搬入解禁は12月25日にまで繰り延べもされ、ボルドーを潤していた。

1453年、百年戦争が終結したとき、フランス国王はようやくボルドーをわが手に取り戻した。シャルル7世は当初、ボルドーから特権の剥奪(はくだつ)をしようとしたが、すぐに撤回し、ボルドー特権を認めている。またもイングランドとの戦争になったとき、ボルドーがイングランド側に回ることを恐れてのことだ。

ともあれ、フランスは百年戦争によってボルドーを回収し、こののち、シャルル「突進公」の戦死によって後継者を失ったブルゴーニュも接収した。今日のワインの2大名産地を版図に引き戻すことで、今日のフランスの姿に近づいたのだ。

◆ジャンヌ・ダルク処刑に見る、ブルゴーニュのシャンパーニュへの敵視

百年戦争で、フランスの逆転勝利に大きく貢献しているのが、ジャンヌ・ダルクだ。ジャンヌ・ダルクは、王太子シャルルがランスで戴冠すると預言し、オルレアンに入城。当時、オルレアンはイングランド軍に包囲され、絶体絶命の危機にあったが、ジャンヌはその包囲を解いている。ジャンヌ・ダルクの奇跡的な奮戦もあって、シャルルは北上し、ジャンヌの預言どおりランスでシャルル7世として即位する。

こののち、ジャンヌはブルゴーニュ軍に捕らえられ、イングランド軍に引き渡される。イングランド軍は、ジャンヌを処刑してしまっている。

ブルゴーニュ軍がジャンヌをイングランド軍に引き渡したのは、イングランド軍と組んでいたからだが、そこにはべつの思惑があったかもしれない。ブルゴーニュ側は、ジャンヌの行動がいちいち気に入らなかった。たんに敵であるフランス王を支援するという理由だけでなく、ブルゴーニュワインの商売仇(がたき)を利するような動きをしていたからだ。

もっとも気に喰わなかったのは、シャルル7世のランスでの戴冠であろう。ワインに関していうなら、ランスのあるシャンパーニュ地方が、ブルゴーニュワインのライバルになりつつあったからだ。

一言、断っておくと、この時代、シャンパーニュ地方という呼称はなかったようだ。ここでは便宜的にシャンパーニュ地方という言い方をするが、シャンパーニュ地方の中心ランスは、歴代フランス国王の戴冠の地である。フランス王がランスで戴冠していたのは、戴冠用のよきワインが産出されていたからだろう。実際、中世にあって、ランスを中心とする地方はよいワインの生産地へと浮上していた。

現在、シャンパーニュといえば、発泡性のワインで名高いが、この地で泡物ワインが登場するのは17世紀のことである。それまでシャンパーニュは、非発泡のスティルワインを生産していた。ランス周辺は、スティルワインの産地として台頭しようとしていた。

これに危機感を抱いていたのが、ブルゴーニュである。ブルゴーニュは、ランス周辺の令名が上がるのを嫌った。そこに、ランスにおけるシャルル7世の戴冠である。シャルル7世の戴冠はしかたないともいえるが、それを主導したかのようなジャンヌは忌ま忌ましい存在である。

ジャンヌによるオルレアンの解放だって、ブルゴーニュにはおもしろくない。現在、オルレアンではほとんど葡萄畑が失われているが、中世、オルレアンはワインの名産地として誉れ高く、ブルゴーニュのライバルであったからだ。ジャンヌの行動はブルゴーニュワインのライバルの令名を高めるようなものに映り、ブルゴーニュはむかっ腹を立てて、ジャンヌをイングランド軍に引き渡してしまったとも考えられるのだ。

こののち、シャンパーニュのワインの品質は上がり、さらにブルゴーニュを脅かすことになるのだが。

◆市井の者もワインを飲めるようになった中世末期

中世の末期、15世紀は西ヨーロッパでワインがもっとも拡大した時代だったと思われる。葡萄畑は拡大し、デンマークでも開墾されるようになっていた。16世紀初頭には、ドイツにおける葡萄畑は30万ヘクタールに達していたという。

中世、葡萄畑が拡大をつづけていったのは、一つには宗教的な情熱からだろう。すでに紹介したように、ワインはキリスト教と密接に結びついてきた。ワインはイエスの血であり、「傷ついたイエスは、出血する葡萄」ともいわれてきた。

(地図8) ブルゴーニュとイングランド (ボルドー) に挟撃されたフランス<1421年ごろの勢力図>

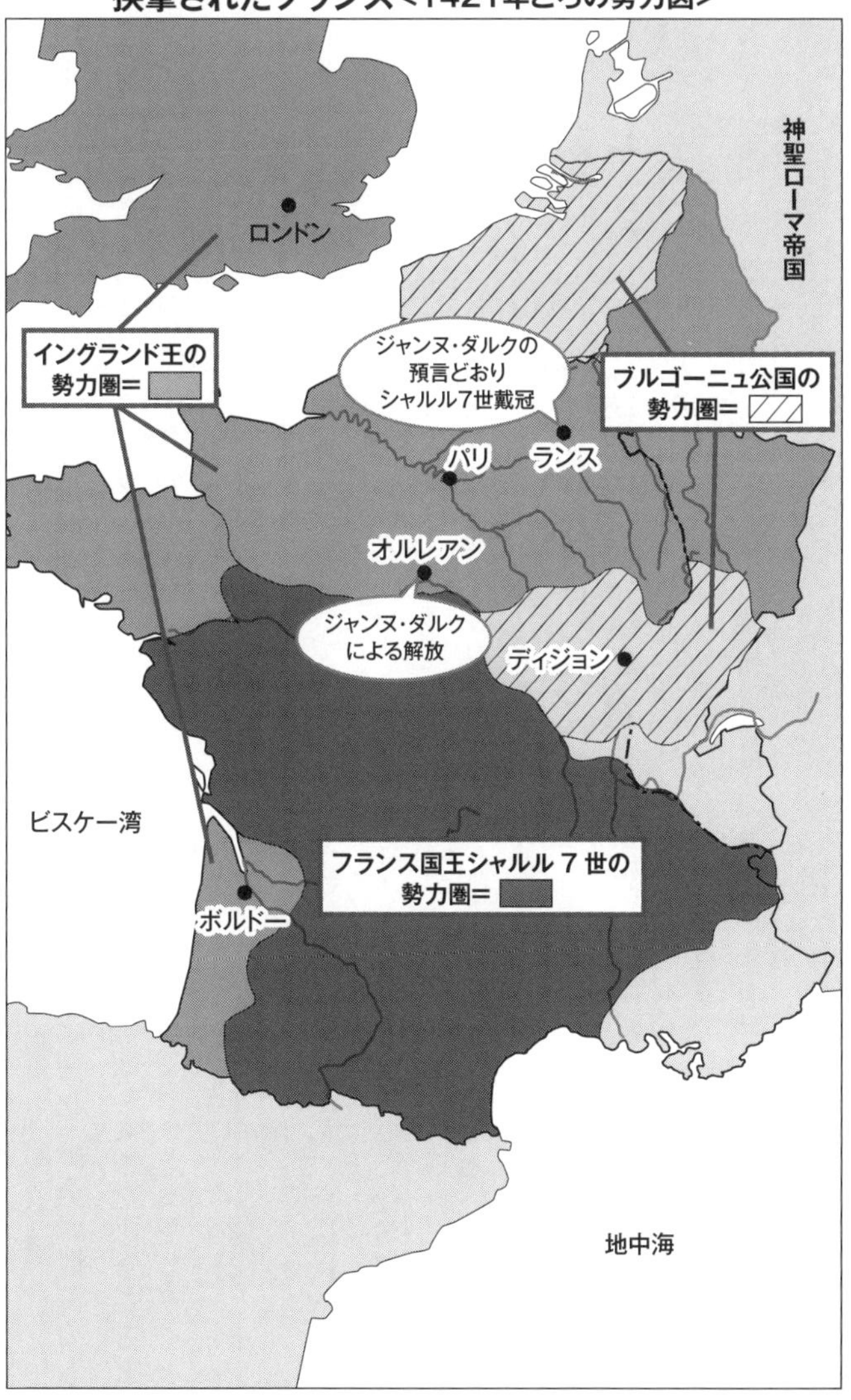

キリスト教徒にとって葡萄畑の開拓は使命のようなものであったし、教会の財源でもあった。こうして葡萄畑が拡大していくなら、ワインの需要も増えていく。これまでワインを飲めなかった農民や市井（しせい）の者でも、ワインを飲めるようになっていったのだ。ワインといっても、酸っぱく、薄っぺらい安物ワインなのだが、それでもヨーロッパの住人はワインを求めた。

当時、まだコーヒーも紅茶もない時代である。少しずつ豊かになりはじめた農民や市井の者にとって、嗜好品はワインかせいぜいビールくらいしかなかったのだ。水の衛生そのものが怪しい時代、ワインは安心して飲める飲み物でもあった。

16世紀、ドイツでは一人が年間に１４０リットルのワインを飲んでいたという。現代ドイツの一人あたりのワイン消費量が20リットル台で推移していることを考えるなら、破格の数字であり、ドイツはワイン大国ともなっていた。

こうしてワインは、西ヨーロッパでは人びとの日常に定着していくようになるのだが、17世紀以降、試練の時代を迎えもする。

第4章

ヨーロッパの世界進出がもたらしたワインの進化とスパークリングの誕生

◆三十年戦争で荒廃したドイツのワイン文化

16世紀から17世紀にかけて、西ヨーロッパは深刻な分裂を経験する。ドイツでマルチン・ルターによる宗教改革がはじまり、キリスト教世界がカトリックとプロテスタントに二分されてしまったからだ。その対立にあって最大級の戦争が、17世紀前半のドイツにおける三十年戦争である。

三十年戦争の戦場となったドイツには、デンマーク軍、スウェーデン軍などのプロテスタント勢力、スペイン軍、フランス軍などのカトリック勢力が押し寄せ、ドイツ各地を荒らしまくった。そのため、ドイツ全土は荒廃し、葡萄畑も破壊されていった。

三十年戦争のはじまる前、ドイツは「ワイン大国」であった。けれども、三十年戦争のもたらした破壊によって、ドイツのワイン造りは荒廃してしまったのだ。ラインガウのワイン生産を支えてきたエバーバッハ修道院やシュロス・ヨハニスベルクに貯蔵されていたワインを飲み尽くしたのは、スウェーデン兵らである（42ページ地図5参照）。

ラインガウのみならず、ライン川流域の葡萄畑は兵士に踏み荒らされた。1648年、ウェストファリャ条約の締結によって三十年戦争が終わったとき、ドイツにおける葡萄畑の面積は全盛期の6分の1以下、5万ヘクタールほどに激減してしまっていたという。しかも、ワインの産地であったアルザス（エルザス）は、フランスの手に渡ってもいた。

三十年戦争での破壊ののち、復興することのなかった産地も多い。平地なら穀物畑に転換してしまった元葡萄畑もあるし、林檎畑になった元葡萄畑もある。

そんななか、ドイツでワイン造りをつづけたのは、ほとんどがライン川やモーゼル川周辺地域であった。この一帯から、ドイツワインは再興の道を歩むよりなかった。

◆高級品種リースリングに復興を託したドイツ

三十年戦争で荒廃したドイツのワインが復活を模索していくとき、主役として着目されたのは、リースリングである。いまでこそドイツでリースリングは白ワイン用葡萄の最高品種となっているが、17世紀までは避けられてきた品種であった。

というのも、リースリングは扱いのむずかしい品種であるうえ、収穫量も少なかったからだ。リースリングから生まれるワインは、ともすると酸味が強すぎもした。冷涼な気候のドイツにあっては、日照量が不足すると、糖度が不足し、酸味を過剰に目立たせてしまうのだ。

それまでドイツでよく植えられていた白ワイン用葡萄の品種は、ジルヴァーナーであったようだ。現在、ジルヴァーナーはドイツで3番目の品種となって、わりと大衆用ワインを造るのに用いられている。

再興を目指すドイツでは、ジルヴァーナーに代わってリースリングが植えられはじめた。リースリングのほうがジルヴァーナーよりも芳香に満ち、美しい酸味も有しているからだろう。ドイツワインは、量より質へと転換を図りはじめていたのだ。１７２０年には、銘醸地ヨハニスベルクでリースリングが作付けされている。

すでにブルゴーニュでは、扱いづらいピノ・ノワールによる香り高いワインが人気を博していた時代である。ドイツのワインも、ブルゴーニュ方式を狙ったともいえる。

ただ、その先、ドイツもブルゴーニュと同じ経験をしている。ブルゴーニュでは、収穫量の少ないピノ・ノワールに代わって、収穫量が多く手間のかからないガメイがよく植えられて、ブルゴーニュの君主を怒らせてきた。ドイツでも同じで、封建領主が農民たちにリースリングへの転換を命じても、農民はジルヴァーナーに固執しようとしていた。

そうした対立を経ながらも、ドイツはリースリングの国になっていく。そのリースリングの味わいを一段と高めたのが、シュペートレーゼだ。シュペートレーゼとは「遅摘み」を意味し、意図的に収穫期を遅らせた葡萄を使ったワインだ。通常収穫のリースリングで造る「カビネット」よりも格が一段上であり、アルコール度が上がり、甘くなる。

シュペートレーゼが生まれたのは、偶然だろうが、次のようなエピソードがある。18世紀後半、ラインガウ地方のヨハニスベルクでは、フルダの領主が農民に葡萄畑を貸し与え、ワインを造らせていた。1775年、収穫期を前に、領主のもとに葡萄の摘み取り許可を求めて、ひとりの者が向かった途中、強盗に遭い、帰りが遅れてしまった。その間に葡萄は熟しすぎ、傷みもはじまっていた。もはやよいワインにはならないと思われたが、それでも醸造したところ、従来のリースリングよりも甘いワインになっていた。

以後、ドイツではラインガウに限らず、遅摘みのリースリングの生産をはじめるようになり、これがシュペートレーゼとなっていく。シュペートレーゼは冒険でもある。収穫期を延ばしているうちに、大雨でも降れば、葡萄が台無しになるからだ。それでもドイツの生産者たちはシュペートトレーゼに挑戦し、シュペートトレーゼを確立していった。

つづいては、アウスレーゼ（超完熟葡萄のみ使用の厳選ワイン）の登場である。アウスレーゼは、シュペートトレーゼの考えをさらに深化させたものだ。遅摘みのワインほど糖度が上がり、甘くなるのなら、葡萄が腐敗するほどの遅摘みも視野に入ってくる。そこから腐敗した葡萄の房を選び、さらには腐敗した実（み）をひと粒ひと粒選ぶという作業を経て、「アウスレーゼ」が生まれたのだ。

アスウレーゼの考えは、後述するハンガリーの極甘口トカイワインの存在を意識したものでもあろう。その名は、ドイツ語で「トカイ」を意味する「アウスブルッフ」に由来するとされる。

19世紀、一世を風靡（ふうび）したイタリアのオペラ作曲家ロッシーニがフランクフルトを訪れたときに飲んだのが、ラインのリースリングだと思われる。それも、シュペートトレーゼ、あるいはアウスレーゼだった可能性がある。ロッシーニはたちまちリースリングに魅せられ、レストランのワインリストを持ち去ろうとしたともいわれる。19世紀には、リースリングは国際的に名声を得るワインに育っていたのだ。

◆ボルドーではじまった新スタイルのワインに興奮したイギリス人

17世紀後半は、ボルドーワインが新たな領域に達し、イギリス人たちを魅了する時代のはじまりだ。

17世紀、ボルドーでは、これまでにないスタイルのワインが生産されはじめていた。それまでのボルドーワインは、薄い色をしたワインであったのだが、17世紀のボルドーに登場してきたのは、濃い色をした、タンニンの強いワインである。つまり、いまにつながる重厚なボルドーワインが登場していたのである。

これに魅了されたのが、イギリス人たちである。すでに述べたように、ボルドーは15世紀の半ばまでイングランド王の領地だった。百年戦争後にフランスの領地となったのちも、ボルドーとイギリスの絆は残りつづけ、ボルドーはイギリスにワインを売っていた。

1663年、海軍省書記官を務めていたサミュエル・ピープスという人物が、ロンドンの「王樫亭」という店で酒を飲んだときの日記がある。彼はのちに海軍大臣にまで昇進するのだが、その日記には、「ホー・ブリヤンと呼ばれるフランスワインの一種を飲んだが、いまだかつてお目にかかったことがないような独特の味わいを持つうまいものだった」と記している。

「ホー・ブリヤン」とは、「オー・ブリオン」のことで、いまの「シャトー・オー・ブリオン」につながる。同じ時代、哲学者のジョン・ロックも、オー・ブリオンにハマっていたようだ。ロンドンでは、オー・ブリオンのような濃いボルドーワインは「黒い酒」とも呼ばれ、趣味意識の高い人を魅了していたのだ。「黒い酒」は、すでにボルドーの船乗りや富裕層の愉しむところだったようだが、イギリス人の顧客まで満足させはじめてもいたのだ。

ボルドーで新たな「黒い酒」が造られはじめたのは、ワイン造りの進化でもあれば、時代の嗜好に応じた変化でもあろう。そこには、ヨーロッパの世界進出が絡んでくる。

15世紀の後半以降、ヨーロッパの住人たちはインド洋に進出、大西洋を渡り、これまでにない文物をヨーロッパにもたらしてきた。あるいは、ヨーロッパ内からも新たな文物が生まれもしていた。新たな嗜好品との出会いによって、ヨーロッパの住人の舌にも「変化」が起きようとしていたと考えられるのだ。

ヨーロッパの住人たちが知りはじめたのは、コーヒー、チョコレートや砂糖などだ。コーヒーに関しては、1652年にロンドンで最初のコーヒーハウスが誕生する。以後、コーヒーは急速にヨーロッパの住人を魅了、人びとはコーヒーなしでいられなくなる。

チョコレートの原料であるカカオは、中南米原産である。中南米では高貴な人の飲み物であり、これをスペイン人たちが見つけ、本国に持ち帰る。チョコレートそのものは苦いのだが、砂糖を入れると、蠱惑的（こわくてき）な飲み物になる。当時、スペインはカリブ海の島々で砂糖プランテーションを営もうとしていたから、チョコレートと砂糖は結びついた。スペインはチョコレートの存在を秘密にしていたが、うまいものの情報はかならず漏れる。砂糖入りのチョコレートは、ヨーロッパの王侯貴族たちに広まっていった。

ほかにジンをはじめとする蒸留酒も広まり、スペインのシェリーもあった。17世紀、ヨーロッパには、嗜好品が溢れ、ヨーロッパ人の味覚を変えようとしていた。

とくに大きかったのは、コーヒーとチョコレートであろう。ともに濃い味をしていて、ワインと同じく多くのタンニンを含む。コーヒーやチョコレートに魅了されるなら、これまでの薄いワインでは物足りなくもなる。時代は、濃くて、苦いものを求めてはじめていた。これに応えたのが、ボルドーのタンニンの強い「黒い酒」だったとはいえまいか。

シャトー・オー・ブリオン

メドック地区以外で唯一の格付け第1級ワイン

ボルドーの「5大シャトー」の一角であるこの生産者は、ボルドーの花形シャトーの集中するメドック地区にはない。ペサック・レオニャンに位置し、1855年の格付けではメドック地区以外では唯一の第1級格付けを得ている。

シャトー・オー・ブリオンは、風格があり、じつにリッチで調和のとれたワインである。飲む者を、豪勢な気分にもしてくれる。他のボルドーの銘酒にもいえる話だが、21世紀になってのち、取りこぼしがないとされる。ただ、21世紀を迎えてのち、その価格は高騰し、なかなか飲めないワインになってしまっている（写真は、シャトー・オー・ブリオン　赤　2018年）。

写真提供:㈱モトックス

たからでもある。

◆沼沢地だったメドック地区が、銘醸地に変わっていったワケ

ボルドーの「黒い酒」を高いレベルにしたのは、ボルドーのメドック地区の開拓があったからでもある。

ボルドーのメドック地区といえば、今日ではボルドーの頂点にある。「シャトー・マルゴー」「シャトー・ラトゥール」といった超高級ワインを産するのだが、16世紀までここには葡萄畑はなかった。メドック地区は、ほとんど海面に没したかのような沼沢地であったようだ。古代ローマ人たちは、ここで牡蠣の養殖をしていたらしい。

この沼沢地を変えたのは、オランダ人たちである。オランダ（ネーデルラント）は16世紀には世界帝国となったスペインの支配を受けていたが、独立闘争をはじめ、1581年に独立する。その後、オランダは海洋進出をはじめ、日本にも到達する。オランダ人が海洋進出によって得ようとしたものの一つが、ワインである。

冷涼な気候のオランダでは、葡萄が育ちにくい。そのため、オランダ人はボルドーやポルトガルなどに向かい、ボルドーに移住、帰化するオランダ人もいた。

ボルドーと関わったオランダ人たちが欲したのは、安いワインを大量に得ることだ。そのために、沼沢地の干拓（かんたく）がはじまる。低地に住むオランダ人には、メドック地区を干拓し

てみせるだけの技術があった。

こうして、メドック地区でも葡萄栽培がはじまる。いや、栽培よりも先にはじまっていたのが、貴族や大商人たちの居館づくりだ。ボルドーの貴族や商人らは新たに生まれた地に、別邸を建てた。これが、「シャトー」である。その別邸の周辺に畑を設け、自分たちが飲むワインのための葡萄も栽培するようになっていったのだ。自分たちで飲むのだから、味のよいワインを生産しようともしていた。

メドックの砂利だらけの地が、じつはすぐれた葡萄を生む地になろうとは、当初は誰も思わなかっただろう。ただ、砂利の深さが3メートルにも達するこの地は、水はけもよく、葡萄の樹木を温めもし、祝福された地であったのだ。メドック地区は、オランダ人の望んだような安ワイン供給地にはならず、高級ワインの生産地になったのだ。

◆ルイ14世を巡るブルゴーニュとシャンパーニュの争いとは?

17世紀後半、ヨーロッパ随一の大国となったのが、フランスである。フランスは16世紀後半、カトリックとプロテスタントによるユグノー戦争という内戦を経験していた。けれども、ブルボン朝の始祖となるアンリ4世が、内戦を終結させ、フランスは早くに宗教対立を解決させてもいた。

1618年にはじまるドイツでの三十年戦争は、ドイツの神聖ローマ帝国を事実上、崩壊させていたし、スペインを疲弊させもした。三十年戦争でライバルが脱落したことにより、フランスはヨーロッパで最大の大国となっていたのだ。

その大国フランスの王としてあったのが、ルイ14世である。ルイ14世の時代、フランスには華やかな宮廷文化があり、ワイン文化があった。そのワイン文化の中心を争ったのが、ブルゴーニュとシャンパーニュである。

当時、ブルゴーニュの赤ワインは、もっとも豊かで洗練されたワインと見なされていたが、これに比肩する存在になったのがシャンパーニュのワインである。この時代、シャンパーニュでは発泡性ワインも生まれつつあったが、発泡しない赤のスティルワインが上質で定評があった。とくにシャンパーニュのアイで生産される赤ワインはヨーロッパの王侯貴族に人気であり、ユグノー戦争を終わらせたアンリ4世もアイのワインのファンであった。アイは、いまも上質のシャンパンを生産している。

ブルゴーニュとシャンパーニュのワインは、ヨーロッパで人気を二分するほどになり、誰を魅了するかを競い合った。とくにヨーロッパ随一の大国の「太陽王」ルイ14世がどちらを飲むかは、ブルゴーニュ、シャンパーニュのプライドを懸けた問題であった。宮廷にあっても、ルイ14世がどちらのワインを飲んだほうがいいのかは論争にもなっていた。

その論争に勝利したのは、ブルゴーニュワインであった。ルイ14世の侍医であるファゴンが、ブルゴーニュワインのほうが健康によいとしたからだ。当時、ルイ14世は通風を患っていたが、ファゴンはブルゴーニュのニュイの古い赤ワインが通風に効くとしたのである。ニュイとは、「コート・ド・ニュイ」のことであり、「コート・ドール（黄金の丘）」の北半分に当たる。いまは、錚々（そうそう）たる赤ワインを生み出す地帯だ（151ページ地図12参照）。

ルイ14世は、ファゴンのこの助言を受け入れた。以後、ルイ14世はニュイの赤ワインばかりをたしなむようになったという。

ブルゴーニュワインが通風に効くなんて、何の医学的根拠もない。かえって飲みすぎれば通風を悪化させるだけなのだが、何の因果か、ブルゴーニュワインを飲んだルイ14世の健康は多少改善されたようだ。

ワインは、古代から薬としても崇められてきた。ルイ14世の時代も、それは変わらなかった。ルイ14世の母が彼を産み落としたとき、それはボーヌのワインのおかげともいわれていた。あるいは、こののちルイ15世に男の子が誕生したのは、ブルゴーニュのポマールのおかげなどともささやかれていたのだ。

こうしてブルゴーニュワインは、フランスのブルボン王家と結びつき、「王のワイン」にもなっていったのだ。

◆シャンパンを市場にのせたのは、イギリス人だった?

17世紀後半、ワインの世界に登場するのは、スパークリングワイン（発泡性ワイン）である。このスパークリングワインを生み出したのは、シャンパーニュ地方であり、シャンパーニュ地方で産するスパークリングワインは「シャンパン」の名で呼ばれる。

シャンパンがシャンパーニュ地方で誕生したのは、その冷涼な気候によろう。シャンパーニュ地方でのワイン造りはむずかしく、秋に収穫した葡萄が初冬に寒さのため発酵を止めてしまうことがある。暖かくなった春にふたたび葡萄が発酵をはじめたとき、発泡性を帯びる。この過程からできあがるのが、シャンパンである。

シャンパーニュ地方では、シャンパンが登場するまで長く発泡しないスティルワインを造ってきた。発泡するワインができても、売り物にはならないとされてきたが、17世紀後半、売り物になりはじめたのだ。

　シャンパンを生み出したのは、ベネディクト派の修道士ドン・ペリニヨンだったとよくいわる。ペリニヨンは、オーヴィレール修道院の出納役であった。よくいわれるのは、ペリニヨンの管理する酒庫でワインが泡立ちはじめ、これがシャンパンのはじまりだという説だ。あるいは、彼が再発酵時に砂糖を添加することにしたという話もある。これらは、たんなる伝説だろう。

　ペリニヨンはシャンパンやワインの製法をよく研究した人物なのだが、シャンパンを発明した人物ではない。彼は、泡を瓶の中に閉じ込めるなら、一つの興味深いワインになることを提示してみせた。ただ、ペリニヨンの手法には限界があり、シャンパンの市場までは創出できなかったようだ。では、シャンパンの味を知り、市場をつくったのが誰かといえば、じつはイギリス人だったといわれる。

　というのも、当時、イギリスでガラス工業が発達しはじめていたからだ。このころまで、まだ瓶詰めされたワインはあまり存在しなかった。ガラス生産技術が拙かったからで、瓶内のガラスの厚さが不均等であったから、瓶は破損しやすかった。しかたなくワインは樽に保存されていたが、17世紀後半のイギリスでは石炭を燃料にして比較的丈夫なガラスを生産、ワインやビールの瓶詰めがはじまろうとしていた。シャンパンのような発泡する液体を保存・輸送するには瓶詰めは有効であり、シャンパンはイギリスに送られ、飲まれはじめていた。

イギリス人は、シャンパンに抵抗がなかったと思われる。当時、イギリスには世界からいろいろな嗜好品が集まって来ていて、彼らは好奇心が豊かだった。しかも、ビールをよく飲んでいるから、発泡性のワインにも飛びついたのだ。

もう一つ、この時代、ロンドンの住人が浮かれ気分であったことも大きい。イギリスは17世紀前半に内戦状態に陥り、勝利したクロムウェル率いる議会派は国王チャールズ1世を処刑していた。その後にはじまったクロムウェルによる独裁時代には娯楽が禁じられ、国民は禁欲的な生活を強要もされていた。クロムウェルの厳格な統治に、イギリスの住人は内心、悲鳴をあげていた。だから、クロムウェルの死後、１６６０年、フランスに亡命していたチャールズ1世の子チャールズ2世が帰還、即位したとき、大歓迎した。

フランスに亡命経験のあるチャールズ2世は、ルイ14世時代の華やかな宮廷生活を体験していた。そのため、彼は享楽的な王であり、ロンドンもまた享楽的な王にならうかのように享楽的であった。ロンドンには、享楽的な飲み物であるシャンパンを受け入れる素地があったのだ。

こうしてシャンパンは、イギリスとつながることで、世に飛び出した。イギリスの住人は、ボルドーワインの魅力にいち早く触れ、シャンパンの可能性を引き出そうとしていたのだ。ここからシャンパンの完全な商品化と進化がはじまる。

ドン・ペリニヨン　日本でも人気のシャンパンの本質

「ドン・ペリニヨン」の名は、現在、モエ・エ・シャンドン社のシャンパンの特級銘柄の名として残っている。ドン・ペリニヨン修道士に敬意を表した名であり、10年以上の熟成に耐える、高貴なシャンパンとして人気がある。

日本でもドン・ペリニヨンは人気であり、「ドン・ペリ」の名で呼ばれている。「ドン」はベネディクト派司祭への尊称なのだが、首領の意味に勘違いされてのことかもしれない。日本ではドン・ペリニヨンは、バブル的な浮かれ気分の酒として扱われがちだ。けれども、本当は落ち着いて飲んでもおいしいシャンパンでもある。接待系の店で、ドン・ペリニヨンをお約束事のようにあけるのは、羽ぶりのよさを示す行為にもなっている。

◆18世紀のヨーロッパを席巻したシャンパン

当初、イギリス人の間で人気が出はじめていたシャンパンだが、すぐにヨーロッパ世界を席巻する。とりわけシャンパンに魅了されたのが、フランスの宮廷である。ルイ15世の愛人ポンパドゥール夫人は、「これに限っては、飲んでも醜くなる心配がないの」と、シャンパンを称揚している。

シャンパンは、フランスの宮廷のみならず、国外の宮廷でも飲まれるようになった。とくに、18世紀の新興国の君主たちに人気があった。

18世紀は、ロシアとプロイセンが台頭した時代である。ピョートル1世率いるロシアは北欧の大国スウェーデンを打ち破り、サンクトペテルブルクを建設、新たな準大国となる。ロシアに刺激されたのが、新興のプロイセンである。プロイセンはフリードリヒ・ヴィルヘルム1世以来、軍事強国化を目指し、フリードリヒ2世の時代にハプスブルク家のオーストリアから領土を奪い取っている。

フリードリヒ2世は、ロシアのエカチェリーナ2世と共謀、オーストリアまでも引き込み、ポーランドを分割もしている。フリードリヒ2世、エカチェリーナ2世はともに狡猾(こうかつ)

であり、国を富ませるのに余念がなかった。

彼ら新興国の君主、ピョートル1世、エカチェリーナ2世、フリードリヒ2世らもまた、シャンパンを好んだ。シャンパンはわかりやすい味であり、しかもほかのワインよりもずっと刺激的である。そのわかりやすさ、刺激が、新興国の君主たちを魅了していたのだ。と同時に、新興国の君主にとって、シャンパンはよい飾りでもあっただろう。18世紀、シャンパンの価格はダントツで高かったからだ。

18世紀半ばのパリにおけるワイン価格を見るなら、発泡するシャンパンは1パント（約930ミリリットル）あたり、7リーブルだ。発泡しないシャンパンは、4リーブル。ボルドー・メドック地区の銘醸ワインが、3リーブル。ブルゴーニュのヴォルネやシャンベルタンが、1リーブル15スー。シャンパンは、ボルドーやブルゴーニュの銘酒よりもずっと高値であり、希少であった。ゆえに、新興国の君主たちはシャンパンを手に入れ、自らを飾りたかったともいえる。

ただ、この時代、シャンパン造りと管理には危険が伴っていたようだ。というのも、まだガラス瓶の製造技術にムラがあったため、発泡による瓶内の気圧上昇によって、保存中のシャンパンの瓶が割れてしまうことがしばしばあったからだ。その瞬間、ガラスの破片が飛び散ったから、シャンパンの酒庫の中で仕事するときは、鉄の仮面を装着していたという。

◆コンティ公によって、高値で買われていたロマネ・コンティの畑

17〜18世紀、「王のワイン」にもなっていたブルゴーニュのワインの中でも、高貴なワインを生み出すとされる畑は、パリでも評判になろうとしていた。

すでに、この時代、ブルゴーニュの風景は変わりつつあった。かつては修道士たちが葡萄を栽培していたのだが、農家に栽培を委託するようにもなっていた。財政難に悩む修道院が、所有する葡萄畑を貴族や金持ちに売却してもいた。すでにフランスではプロテスタントであるユグノーが一定数いて、カトリック修道院は揺らいでいたのだ。

人気のワインも様変わりしていた。かつては南のボーヌのワインが随一とされていたのだが、北のコート・ド・ニュイの赤ワインに人気が集まりはじめていた。

ここにも、ヨーロッパの住人の味覚の変化が表れてもいよう。ヨーロッパの住人が、コーヒーやチョコレートの味を知り、好むようになっていったとき、しっかりとした味わいのワインを好むようになってきたのだ。ブルゴーニュのワインは繊細さを身上とするが、

繊細にして、芯のあるワインが好まれるようになってきたのだろう。

そうした時代に起きたのが、コンティ公ルイ・フランソワによるロマネ買収である。つまりは、いまの「ロマネ・コンティ」を含む高貴な畑の買収だ。ロマネ・コンティを含む畑はロマネの畑といわれ、かつてクリュニー修道院系のサン・ヴィヴァン修道院が開墾、所有してきた。けれども、財政難にともない、17世紀前半、サン・ヴィヴァン修道院はこの畑を手放し、所有者は代わっていたが、この畑はつとに高名であったようだ。

コンティ公はブルボン王家の傍流に連なり、資金力があった。その資金力にものをいわせて、1760年にロマネの畑を破格の値段で買い取ったのだ。その10年前のクロ・ド・ベーズ（いまのシャンベルタン・クロ・ド・ベーズ）の売却と比べたとき、1ヘクタールあたりで10倍にもなっているのだ。

シャンベルタン・クロ・ド・ベーズは高名な畑であり、ここで造られるワインはいまなお高値で取り引きされる。それをはるかに上回るカネが、ロマネの畑で動いていたのだ。コンティ公はそれほどにこの畑を気に入っていて、実際、現在においても、「ロマネ・コンティ」の令名はブルゴーニュの中でも一段以上抜けている。

コンティ公のロマネ・コンティ獲得を語るとき、よくポンパドゥール夫人との確執話が登場する。ルイ15世の愛人ポンパドゥール夫人は、自らが宮廷内でサロンを主催し、中心にあろうとした女傑だ。どうやら、コンティ公は勝ち気なポンパドゥール夫人を不快に思っていたようだ。ポンパドゥール夫人がロマネの畑を欲し、ルイ15世に働きかけていると聞いたとき、コンティ公は嫌がらせのように高値で先にロマネの畑を買ったという話だ。

ただ、この逸話はロマネ・コンティの「伝説」を高めるための創作のようだ。この畑に、「ロマネ・コンティ」の名がつくのは、フランス革命を経てのことだ。

もう一つ、ポンパドゥール夫人には逸話がある。１７５０年代ごろから、ポンパドゥール夫人がヴェルサイユで飲みはじめたのが、ボルドーワインであったという。それも、「ラフィット（いまのシャトー・ラフィット・ロートシルト）」である。

じつのところ、それまでパリではボルドーワインはほとんど飲まれなかった。ボルドーワインを愛飲していたのはイギリス人たちであり、ヴェルサイユの宮廷ではライバルのイギリス人たちが飲んでいるワインには興味がなかった。

そうしたなか、ポンパドゥール夫人がボルドーワインの真価を知るのは、リシュリュー男爵によってとされる。リシュリュー男爵はボルドーに赴任経験があり、ここでボルドーワインの魅力を知ったのだ。リシュリュー男爵がヴェルサイユに帰還したとき、肌艶（はだつや）もよくなっている。ルイ15世がその秘密を尋ねたとき、リシュリュー男爵はその秘密を「ラフィット」にあるとしたのだ。以後、ポンパドゥール夫人をはじめヴェルサイユの宮廷もボルドーワインを愛するようになったという。

あるいは、コンティ公にロマネを奪われたため、ポンパドゥール夫人はブルゴーニュワインを飲まなくなり、ボルドーに鞍替えしたという話もある。この話も、怪しいものなのだが。

ロマネ・コンティ　**誰もがその名を知っていても、誰も飲めない幻のワイン**

現在、超高級ワイン「ロマネ・コンティ」を生産しているのは、ドメーヌ・ド・ラ・ロマネ・コンティである。同ドメーヌ（おもにブルゴーニュ地方のワイン生産者のこと）は、ほかにラ・ターシュ、リシュブール、グラン・エシェゾーなども手がけているが、ロマネ・コンティの名声は他を完全に圧している。ロマネ・コンティは、しばしば「完璧な球体」という言葉で絶賛されている。

ロマネ・コンティの名はよく語られるが、じつはほとんどの人が飲めないワインだ。あまりに高価であり、現在は当たり前に数百万円となっている。当然、筆者も飲んだことはなく、将来も飲めそうにない。夢見るだけのワインになっている。また、ロマネ・コンティのあるヴォーヌ・ロマネ村には、「ロマネ○○」「○○ロマネ」とか「ロマネ」の名がつくワインは少なくない。けれども、「ロマネ」の名がついていても、「ロマン・コンティ」に比するワインであることはなく、逆に失望させられることが多い。ラ・ターシュのみを例外に、「ロマネ・コンティ」は唯一無二の存在だ。

シャトー・ラフィット・ロートシルト

5大シャトーの筆頭とも

ボルドーの華であるメドック地区に位置し、いわゆる「5大シャトー」の一角だ。1855年の格付けで第1級を獲得する以前も、そののちも、厳かで、高い品格のワインを生産しつづけている。エチケット（ワインのラベル）はじつに地味ながら、めでたい気分にさせてくれるワインである。5大シャトーの筆頭ともされる。21世紀を迎えてのちは、富裕になった中国人に大人気（写真は、シャトー・ラフィット・ロートシルト　2018年）。

写真提供:㈱モトックス

◆英仏の対立の中から生まれたポートワイン

ポートワインといえば、ボルトガルで生産さる酒精強化ワインであり、少量のブランデーが添加されている。ポートワインを生み出したのは、英仏の対立といわれ、ここにオランダが絡んでくる。

17世紀後半、フランス国王ルイ14世は野心的であり、版図の拡大をつねに狙っていた。とくに狙っていたのが豊かなオランダであり、1660年代から1700年代まで、オランダとフランスはしばしば戦ってきた。大国フランスの前に、オランダは存亡の危機にあった。

そうしたなか、1688年、イギリスでは議会がスチュアート家の国王ジェームズ2世の追放を画策していた。ここで主役に躍り出たのが、オランダ総督ウィレムである。彼は、スチュアート家の血を継承するメアリの夫であり、イギリス議会からジェームズ2世の追い払い役を頼まれていた。ウィレムの軍がブリテン島に上陸するや、ジェームズ2世は亡命、代わってウィレムがウィリアム3世としてイギリス国王に即位した。

このとき、イギリスの議会はウィリアム3世の即位に難色を示した。イギリス議会はメアリの女王擁立を考えていて、夫のウィリアム3世は用心棒と見ていた。けれども、ウィリアム3世は屈せず、メアリの共同統治者として即位したのだ。

オランダ総督でもあるウィリアム3世の狙いは、ひとえに祖国オランダを守ることだ。そのためにイギリス国王にまでになり、イギリスを対フランス戦線に参加させたのだ。ウィリアム3世のフランス敵視意識は強く、イギリスはフランスに対しては強硬政策をとる。さらには、関税のいざこざもあって、ボルドーワインがイギリスに入ってこない時代があった。

イギリスの住人は、これに困り、ボルドーワインの代用をポルトガルに求めた。さすがにボルドーワインの品質には及ばなかったものの、ブランデーによって風味づけられたポートワインに需要が生まれたのだ。

◆オスマン帝国の時代に衰退したバルカン半島のワイン

17世紀、西ヨーロッパでワインの革新がつづいていたが、逆に衰退を隠せなかったのがバルカン半島である。

バルカン半島では、古代から葡萄が植えられ、ワインが造られてきた。早熟なギリシャはもちろん、ローマ帝国に先んじて、いまの北マケドニアやルーマニア、モルドヴァなどではワイン造りがはじまっていた。

ローマ帝国の時代、バルカン半島の各地には葡萄畑があったと思われる。ローマの兵士たちは、バルカン半島の各地を開墾し、ワイン文化を広げていた。

バルカン半島は起伏に富んでいるうえ、イタリア半島と同じ緯度にある。バルカン半島はワインの一大生産地帯になってもおかしくなかったが、そうはならなかった。一つには、中世から近世にかけてオスマン帝国の支配を経験したからだ。

オスマン帝国とは、14世紀にアナトリアに勃興したムスリム（イスラム教徒）たちの帝国である。オスマン帝国は14世紀からバルカン半島に侵攻をはじめ、16世紀にはバルカン半島ばかりかエジプト、中東をも支配する一大帝国を築いた。

オスマン帝国は、バルカン半島の住人にイスラム教を強要はしなかった。住民の多くはキリスト教を信仰しつづけたが、イスラム教ではワインを禁じている。ムスリムが支配者となっていたため、多くの地でワイン文化が停滞・衰退していったのだ。

オスマン帝国のバルカン半島支配は、19世紀にはおおいに揺らぎ、20世紀初頭にはオスマン帝国はバルカン半島のほとんどを失う。その間、西ヨーロッパでワインの変革がつづいた時代、バルカン半島は蚊帳の外にあったのだ。

ただ、オスマン帝国が本当にワイン文化を痛めつけていたかについては、怪しいところもある。たとえば、オスマン帝国の全盛期を築いたとされるスレイマン1世は、アルコール消費を節約するよう勅令を出している。見方を変えるなら、制限しなければならないほどにワインは飲まれていたのだ。

スレイマン1世が没したのち、即位したセリム2世は大酒飲みだったという。セリム2世には、「メスト（酔っぱらい）」のあだ名さえあり、父スレイマン1世の出したワイン制限の勅令を廃止にもしている。

セリム2世が版図の拡大先として狙ったのが、ヴェネチア領だったキプロスである。キプロスには、甘口ワインとして名高い「コマンダリア」があった。セリム2世は、コマンダリアのためにキプロスを得たかったのだと揶揄もされている。オスマン帝国は、完全にワインを否定してもいなかったと考えられる。

◆オスマン帝国との戦争が生んだハンガリーの銘酒「トカイ」

東ヨーロッパ随一の名ワインといえば、ハンガリー東部のトカイ地方から産出するトカイワインだろう。トカイワインは、貴腐葡萄（完熟した後に貴腐菌が付いた葡萄）から生まれる、リキュールのような極甘口のワインである。貴腐葡萄による貴腐ワインとしてはもっとも古い歴史を持ち、ボルドーのソーテルヌと並び称される。

貴腐ワインは、一見、腐ったかのような貴腐葡萄から生まれる。たしかに外見はしなびて、カビがついているのだが、内部の果汁の粘度、糖度が高くなっている。これは、ボトリティス・シネレアというカビの働きによるものである。たしかに、このカビは生食用の葡萄には大きな被害をもたらすが、特定の白葡萄に対しては、糖度を上げ、香りをよくする方向に働くのだ。

世界各地にある貴腐ワインの発見はたいてい偶然によるもので、トカイの貴腐葡萄の発見も偶然によるものだったようだ。諸説あるが、絡んでいるのはオスマン帝国相手の戦争である。

バルカン半島を支配していたオスマン帝国はハンガリーも切り取りにかかり、1632年にも侵攻した。このとき、ハンガリーでもっとも裕福な貴族であるラーコーツィ家の葡萄畑を管理していた人物もかりだされ、収穫が遅れてしまった。11月になってようやく収穫した葡萄はしなびて、カビ付きであった。それでもやむなく醸造したところ、甘い蜜のようなワインになっていたという。

（地図9）オスマン帝国との戦いが生んだハンガリーの銘酒トカイ

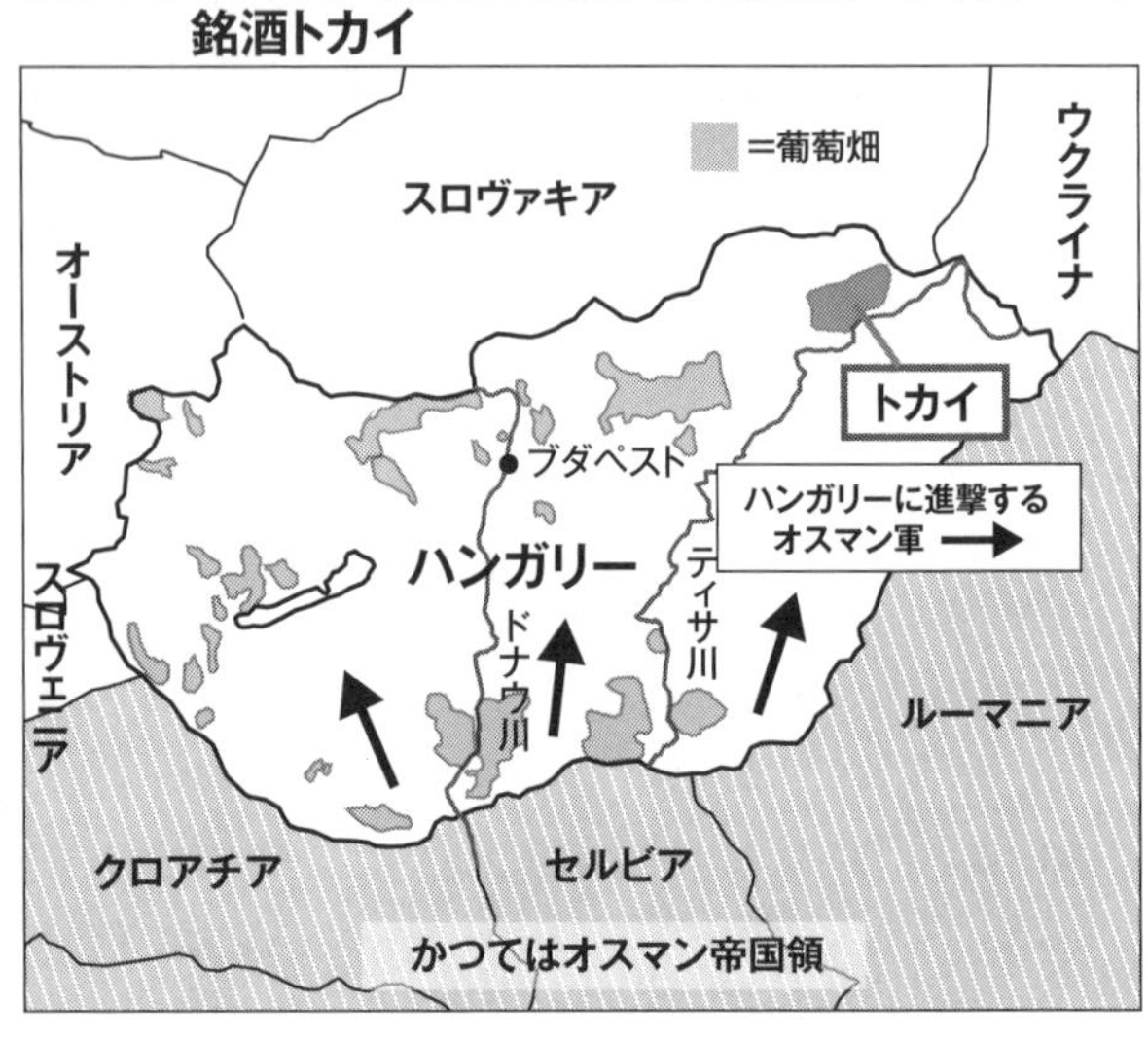

あるいは、1683年からはじまる大トルコ戦争時のことともいう。このころ、オスマン帝国はかつての勢いを失っていたが、なお野心的であり、ハプスブルク家の都ウィーンを包囲にかかった。このウィーン包囲が失敗してのち、逆にハプスブルク家のオーストリア帝国やポーランドが逆襲に出る。大トルコ戦争はオーストリアやポーランドの勝利に終わり、オーストリアはハンガリー全土を得た。

この戦争にあって、トカイ地方も一時的にオスマン帝国軍の攻撃を受けた。トカイの住人たちがオスマン兵を恐れて避難している間に、葡萄収穫期は過ぎてしまった。葡萄は腐りはじめていたのだが、それでもワインにしたところ、驚くほど甘いワインになっていたという。

一方、意図的に醸造されたという説もある。1650年にラーコーツィ家の礼拝堂にいた牧師が、貴腐葡萄を選び、実験的に造ったら、成功したという。また、貴腐ワインの誕生はもっと早く、16世紀末には存在していたともいう。

トカイの誕生については諸説あるが、トカイはハンガリーの住人の誇りであり、ハンガリー国歌の中でも賞賛されている。ハンガリー国歌には1番から8番まであり、ふつうは1番のみ歌われる。トカイ礼賛の歌は3番であり、次のような歌詞がある。

「トカイの野の葡萄畑にて、汝は甘き神酒を滴れたまう」

◆ハプスブルク家との戦いを支えたトカイワイン

ハンガリーで生まれたトカイワインは、18世紀にはフランス・ブルボン家の王やロシア・ロマノフ家の皇帝たちの秘蔵の酒にもなる。トカイワインがフランスやロシアの宮廷に浸透したのは、ハンガリーの貴族ラーコーツィ・フィレンツ2世の働きによろう。彼は、トカイワインの魅力で、フランス王やロシア皇帝の支援を得ようとしてきた。

先に述べた大トルコ戦争の結果、ハンガリー全土を領有することになったのはハプスブルク家のオーストリアである。けれども、ハンガリー内には反ハプスブルク家の気運があった。その中心となったのが、ハンガリー随一の貴族ラーコーツィ家の当主フィレンツ2世であった。1703年から彼はハプスブルク家との戦争に突入、独立ハンガリー王国の君主たらんとした。

この過程で、フィレンツ2世が頼りにしたのが、つねにハプスブルク家と対立しているフランスのルイ14世である。フィレンツ2世はルイ14世を味方に引き入れるべく、ルイ14世にトカイワインを贈っていた。トカイの蠱惑的な魅力によって、ルイ14世を籠絡(ろうらく)できると見ていたのだろう。

実際、ルイ14世はトカイワインにすぐにメロメロにされたようだ。ルイ14世はトカイを「ワインの王にして、王のワイン」とまで讃えている。ルイ15世もまた、同じ言葉を口にしている。トカイに魅せられたルイ14世は、反ハプスブルク家という共通目的もあって、ラーコーツィ家と協定を結んでいる。

18世紀初頭、フランスがイギリスやオーストリア、オランダを相手にスペイン継承戦争を戦ったとき、ラーコーツィ家にはチャンスが訪れた。フランスはラーコーツィ家にオーストリアの背後を衝かせたかったし、フィレンツ2世もそのつもりであった。

オーストリアとの戦いはラーコーツィ家の優位に進んだが、フランス軍がブレンハイムの戦いに敗れると、しだいにラーコーツィ家は劣勢となっていく。このとき、フィレンツ2世はピョートル1世のロシアに希望を見る。フィレンツ2世はロシアに渡り、ピョートル1世からの支持を取り付ける。このときも持参したトカイワインが、フィレンツ2世に味方したと思われる。ピョートル1世も、トカイに完全に魅せられていた。

ただ、結局のところ、ロシアの出番はなく、フィレンツ2世は敗残の身として各国で亡命生活を送ることになった。彼は、ハンガリーに戻ることなく、亡命先で客死している。

結局のところ、トカイワインは、ハンガリーを手中にしたハプスブルク家のオーストリアを飾るワインになる。20世紀、ハプスブルク家の崩壊を経て、トカイを待っていたのは、共産主義の時代である。この時代、トカイの名声は失われている。

ラーコーツィ家のフィレンツ2世は、ハンガリーの英雄とはいえ、世界史的には無名に近い。それでも、クラシック音楽にその名を残している。フランスのベルリオーズによる劇的物語『ファウストの劫罰（ごうばつ）』には、「ラコッツィ行進曲」がある。フィレンツ2世の好んだ民謡をもとにした曲で、いまも単独で演奏される機会が少なくない。

◆18世紀、宮廷の収入になっていたワインの入市税

ヨーロッパでは中世後半以降、ワインは広く普及しはじめ、18世紀には多くの住人もワインを口にするようになっていた。彼らが飲むワインは安物であったが、それでも酔っぱらうことで日々の憂さを晴らせた。1780年から1785年ごろのパリでは、一人あたり年間で122リットルのワインと、9リットルのビールを飲んでいたとされる。現在、フランスの一人あたりの年間のワイン消費量は40リットル台だから、18世紀のフランスでは、ワインは水代わりでもあったようだ。

たとえば、パリでワインを提供していたのは、「キャバレ」や「カフェ」などだ。キャバレは、日本では風俗産業の店になっているが、もとはピカルディ地方の言葉で「小部屋」を意味する。パリのキャバレでは、門の上に小枝が吊るされ、カウンターでワインの立ち飲みができた。あるいは、持ち帰りもできた。

こうしてワインが広がりを見せていく時代、ワインは宮廷の財源にもなっていた。パリでは、パリ市内に持ち込まれるワインに対して、入市税を課しはじめていた。もともと15世紀、百年戦争からの復興のための財源としてはじまったのだが、入市税はしばしば引き上げられていた。

それも、ワインの価格ではなく、量に課税していたから、安物ワインほど値が上がっていた。入市税によって、パリに入った安物ワインの価格は当初の3倍にもなっていた。

パリの住人は、この入市税を嫌った。そこから生まれたのが、「ガンゲット」と呼ばれるキャバレだ。ガンゲットは、市の外にあり、入市税のかからないワインを飲ませるキャバレだ。

ガンゲットが生まれたのは、直接には17世紀半ばのフロンドの乱による。当時、フランスは三十年戦争を経て大国と化していた一方、ルイ13世時代の枢機卿リシュリューの中央集権政策、増税政策に住人は不満を溜め込んできた。ルイ13世が没し、幼いルイ14世が即位するや、住人の反乱となった（フロンドの乱）。「フロンド」とは、当時、政権批判用に用いられていた石投げ器（パチンコ）のことだ。

ブルボン家の王政はフロンドの乱を鎮圧したものの、窮乏してしまった。そこで、ワインの入市税を引き上げたのだが、これに対抗するかのようにパリの郊外にはガンゲットが生まれる。パリの住人は市の外に出かけ、ガンゲットで入市税のかからないワインを飲んでいたのだ。

また、秘密裏でのパリへのワイン持ち込みも絶えなかった　パリの住人はそれくらい入市税を嫌っていたが、ブルボン王家にとって入市税は恰好の税源である。入市税の取りっぱぐれはゆるされない。

そのため、1784年から徴税請負人による城壁が建設されはじめている。これまた、住人の憤懣をくすぶらせる処置であり、フランスに革命は近づいていた。

その一方、パリ周辺の葡萄畑は変質をはじめていた。パリ周辺はもともと葡萄の名産地であり、ブルゴーニュにも匹敵しうるワインも産出していたという。ただ、パリの住人の需要が増えていくほどに、パリ周辺の造り手は安いワインの大量生産を目指しはじめた。パリのキャバレやガンゲットには、いくらでも需要があったからだ。

大量需要のなか、パリ周辺の葡萄畑で増えていったのは、シャルドネ種やピノ・ノワール種に代わって、グロ・ガメ（グロ・ノワール）種であったという。グロ・ガメの品質は粗悪だが、大量に生産できた。さらには、「グエ」という味のしない葡萄までが植えられもしたという。

こうしてパリ周辺は、粗悪なワインの生産地帯に変化していったから、鉄道の時代になり、安くて質のいいワインがパリに流入をはじめると、競争力を持たなくなる。パリ周辺は、ワイン生産地から陥落していったのだ。

第5章

フランス革命とナポレオンの暴風が産み落としたワインの「伝説」

◆ワイン税への怒りからはじまっていたフランス革命

1789年、フランスでは革命が勃発し、過激化していく革命の中で国王ルイ16世は処刑となる。フランス革命は、7月14日のバスティーユ監獄襲撃にはじまるとされるが、じつはそれ以前から起きていたといっていい。襲撃は、バスティーユ以外の各所で散発していたのだ。

フランスで住人の襲撃の標的となったのは、各地の入市税門である。住人たちは入市税徴収所である入市税門を襲っては、叩き壊していた。すでに述べたように、入市税門ではパリ市内に入るワインに対して高い税金を課していて、これがパリの住人の恨みでありつづけた。1789年6月に起きた入市税門襲撃は、一大騒擾(そうじょう)となり、それは1週間もつづいた。

バスティーユ襲撃の3日前、7月11日からパリでの入市税門襲撃は過激化する。市内のキャバレの経営者たちは住人たちに安くワインを売り、彼らを煽動もしていた。キャバレの経営者も市井の者も、ワインにかかる税金に我慢がならなかったのだ。合い言葉は、「3スーのワイン万歳！　12スーのワインを打倒せよ！」だった。

パリの住人らは、襲撃先でワインも強奪し、十分に酔っぱらい、連帯もしていた。その勢いが、14日のバスティーユ襲撃となっていたのだ。

フランス革命の原因は、アンシャン・レジーム（旧制度）の維持不可能や食糧不足に起因するといわれる。たしかにそうなのだろうが、直接の起因はワインであった。パリの住人は、ワインに2倍も3倍もする税金をかけられることに我慢ならなかった。王や貴族たちが、市井の者には飲めない高級ワインを飲んでいることも、知っていただろう。だから、市井の者は「ワインの平等」を求め、ワインにかかる税金の撤廃を望んだ。それが、革命の強い動力源になっていたと思われる。

ワインのタンニンは、人を理知的にさせ、平等をも志向させる。と同時に、ワインのアルコールは人に活力を与え、連帯させ、過激にもさせる。フランス革命は、ワインが先導していたといっていい。

だが、フランス革命は市井の者に「ワインの楽園」をつくりはしなかった。革命政府もまた税収を求めていて、税関事務所を再建している。革命政府にすれば、ワインに酔っぱらった住人の騒擾など、革命の崇高な理念に反するものだったのだろう。だから、フランス革命はワインの入市税門の襲撃ではなく、政治犯を収監していたバスティーユ牢獄の襲撃からはじまるように語られたともいえるのではないか。

こののち、1791年からワインの入市税門はいったん廃止される。が、1798年にはまたも復活し、ワインの入市税が消えるのは、第2次世界大戦後のことだ。

◆フランス革命とナポレオン法典によって一変したブルゴーニュの風景

1789年にはじまったフランス革命は、フランス各地での内戦までも呼び起こし、革命政府は過激化していた。そうしたなか、フランス革命の暴風はブルゴーニュにも吹き荒れた。

ブルゴーニュではクリュニー修道院が襲撃に遭い、破壊されていった。クリュニー修道院やシトー派修道会が切り拓き、所有してきた葡萄畑は、国家に接収されてしまった。

クリュニー修道院もシトー派修道会も、これまでブルゴーニュのワイン文化を生み出し、維持してきた。その彼らが排撃されたのは、フランス革命の本質に反カトリックがあったからだ。

革命よりも前、アンシャン・レジームにあっては、聖職者は第1身分、貴族は第2身分とされ、王とともに特権を維持してきた。革命は彼らの維持してきた特権をゆるさず、聖職者や貴族の資産の没収にかかったのである。

ブルゴーニュの修道院や教会も例外ではなく、パリからやって来た革命政府の者らによって、葡萄畑を没収された。シトー会の育ててきたクロ・ド・ヴジョも、コンティ公の持ち物であったロマネの畑も、国家の所有となった。このとき没収任務に当たった一人に、若きナポレオンの姿もあった。

国家に没収された葡萄畑は、競売にかけられ、高名な畑の多くは新興のブルジョアの手に渡った。資力に乏しい農民たちは二流とされる葡萄畑を買うか、あるいはまずまず高名な畑を何人かで分割して所有するよりなかった。

こののち、ナポレオンが台頭し、「ナポレオン法典」と呼ばれるフランス民法典が整備されると、ブルゴーニュにも適用される。法典では、所有する葡萄畑の持ち主が死去した場合、その葡萄畑は子どもたちに均分相続されることになった。こうした均分相続が繰り返されることにより、一つの畑や区画が細分化され、多くの持ち主が生まれることになったのだ。

この一連の流れが、現在のブルゴーニュの風景をつくってもいる。

現在、ブルゴーニュの畑、区画は多くの造り手によって細分化されている。シトー会の育てたクロ・ド・ヴジョだけで、100近い所有者がいる。そこから先にあるのは、造り手の力量である。造り手の力量差により、ブルゴーニュでは同じ畑なのに、造り手によってワインの味わいがまったく異なり、出来・不出来に差があるのは常識のようになっている。

フランス革命とナポレオンの暴風は、ブルゴーニュ以外も襲っている。ドイツでは、ラインガウの中心にあったエバーバッハ修道院の葡萄畑も、没収されている。

ボルドーにあっては、マルゴーやオー・ブリオン、ラフィットの所有者たちが処刑されているが、ボルドーの畑はブルゴーニュのように細分化されることはなかった。ボルドーではもともと縁の深かったイギリスの影響もあり、法人化や遺言による相続によって、葡萄畑は所有者が変わっても、細分化を免れてきたのだ。

◆ナポレオンは本当にシャンベルタンを愛したのか？

ブルゴーニュのワイン風景は革命とナポレオンによって様変わりしたが、ブルゴーニュワインとナポレオンは「伝説」で結びついている。ナポレオンが、ブルゴーニュのシャンベルタンを愛飲したというのだ。

ナポレオンは、遠征先にもシャンベルタンをお供させ、かならず口にしていたという。世紀の皇帝に愛されたワインということで、以後、シャンベルタンの令名は高まり、ブルゴーニュを代表するワインにもなる。

日本でも、このシャンベルタン伝説は広く浸透している。１９７９年に公開された、大藪春彦原作の映画『蘇る金狼』によるところも大きいだろう。

暴力と騙しだらけのこの映画では、主人公が旅客機内で息を引き取る寸前に、客室乗務員にワインを所望する。「ジュヴレ・シャンベルタン２００１年。僕の友人のナポレオンが愛用してた奴」というようなセリフが、幕切れを飾り、日本人に「シャベルタン」の存在を伝えた。

１９７９年に、２００１年物など存在しない。そこはいまわの際の主人公の錯乱だったとして、主人公が求めたのは、ナポレオンの愛した「シャンベルタン」ではなく、「ジュヴレ・シャンベルタン」である。「ジュヴレ・シャンベルタン」は村の名であり、その村にある畑の一つが「シャンベルタン」だ。ここがブルゴーニュワインのわかりづらさで、両者の格、値段は、懸絶(けんぜつ)しているのだが、混同されていたようだ。このあたりに、1970年代後半の日本人のワイン認識が嗅ぎ取れよう。ともかく映画に興奮した日本人は「シャンベルタン」「ジュヴレ・シャンベルタン」をナポレオンと結びつけ、憧れるようになったのもたしかだ。ただ、原作の主人公はアルコールの強い酒をあおり、ワインなど口にしていないのだが。

話を戻すと、ナポレオンがシャンベルタンを愛飲したかについては、かなり怪しい。ナポレオンは下戸(げこ)だったたし、味音痴でもあったという。女性に対してもせっかちなだけで、戦争以外に人生を愉しむものがなかった。遠征に明け暮れていたナポレオンは、少しはワインを飲んだとしても、現地調達していただろう。わざわざシャンベルタンをお供させるほどの情熱があったかどうか。じつのところ、ナポレオンは後述するように、シャンパンのほうにずっと興味を持っていた。

ナポレオンがシャンベルタンを好んだという「伝説」が生まれたのは、彼がブルゴーニュに関わったからかもしれない。フランス革命にあってナポレオンは、すでに述べたように、シトー派修道会から、クロ・ド・ヴジョをはじめとする葡萄畑の接収に関与している。このときの接触から、ナポレオンとブルゴーニュ屈指の畑シャンベルタンが結びつけられて語られるようになったのではないか。あるいは、ナポレオンの幕僚にシャンベルタン好きがいて、ナポレオンの名を借りて、シャンベルタンを調達していたのかもしれない。

ナポレオンが出現した当時、すでにシャンベルタンは美酒として知られるようになっていた。シャンベルタンという畑を有名にしたのは、ベルタンという農夫らしい。彼はこの土地の可能性に目をつけ、開墾し、ワインを売り出したところ、一躍、銘酒として受け入れられた。そこから「シャン・ド・ベルタン（ベルタンの畑）」と呼ばれるようになり、「シャンベルタン」となったとされる。

ややこしいのは、シャンベルタンの隣に「シャンベルタン・クロ・ド・ベーズ」という畑があるところだ。両者はまったく同格であり、「シャンベルタン・クロ・ド・ベーズ」のほうがずっと歴史がある。この畑はかつては「クロ・ド・ベーズ」と呼ばれ、ベーズ修道院が所有し、知る人ぞ知るワインが造られていたと思われる。

先のベルタンという農夫は、「クロ・ド・ベーズ」からはよいワインが生産されるという情報を入手したと思われる。彼は「クロ・ド・ベーズ」に隣接する細長いシャンベルタンの畑を所有し、令名を高めたのだ。以来、「クロ・ド・ベーズ」も、「シャンベルタン・クロ・ド・ベーズ」と呼ばれるようになったのだ。

シャンベルタン

「皇帝のワイン」のイメージとは、かなり異なる味わい

シャンベルタン、シャンベルタン・クロ・ド・ベーズは、ともにジュヴレ・シャンベルタン村内にあり、特級格に位置づけられている。シュヴレ・シャンベルタン村には、「シュヴレ・シャンベルタン・○○」と名乗るワインがじつに多いが、これらはシャンベルタン、シャンベルタン・クロ・ド・ベーズとは異なる味わいのワインだ。

シャンベルタンには、皇帝ナポレオンが愛したという伝説から、「力強いワイン」というイメージがある。けれども、実際のシャンベルタンはかなり異なる。その強さは内面に秘められているだけだ。果実味に富み、優雅で、品格のあるワインというのがシャンベルタンの正体だろう。

写真提供：㈱ラック・コーポレーション

ただ、シャンベルタンの銘酒を見つけることはむずかしいとされる。シャンベルタンがあまりに高名なためだ。このことはヴォーヌ・ロマネをはじめ他の高名な畑でもいえるのだが、高名により、何もせずとも売れるところから、努力を怠る生産者もいるからだ。そうしたなか、アルマン・ルソーやロベール・グロフィエ、ブリュノ・クレールらは優品を生み出している（写真は、アルマン・ルソーのシャンベルタン　グラン　クリュ　2019年）。

◆ナポレオンがもっとも好んでいたのは、じつはシャンパンだった？

シャンベルタン伝説を持つ皇帝ナポレオンだが、じつのところ、彼がもっとも好んだのはシャンベルタンではなかったと思われる。ナポレオンがもっとも関心を抱いていたのは、シャンパンのほうだろう。シャンパンについては、ナポレオン以前、革命政府の政治家たちも好んでいたようだ。

そのため、シャンパーニュ地方は革命の暴風から逃れることができたようだ。フランス革命の本質は、カトリックの破壊である。シャンパーニュ地方でも聖職者たちが迫害を受けてきたが、少なからぬシャンパンの生産者たちは生き残った。

そればかりか、ナポレオンはシャンパンの保護者にもなっている。ナポレオンが国内産業の振興を構想したとき、シャンパンを一つの柱としても見ていたのだ。さらにいえば、ナポレオンのたびたびの外征、勝利を祝うのに、シャンパンは欠かせなかったと思われる。

ナポレオンは、シャンパーニュ地方のエペルネの市長ジャン＝レミ・モエ（現在のモエ・エ・シャンドン社経営一族の祖先）と親交を持ち、しばしばエペルネに立ち寄りもした。モエはナポレオン専用の宿泊館を建てて、ナポレオンをもてなしたという。ナポレオンが没落していくとき、彼はモエに自らのレジオン・ドヌール章をつけて、別れを告げている。

ナポレオンは、シャンパンの宣伝マンのような存在であった。ナポレオン軍の行くところ、かならずシャンパンの生産者たちが追随し、シャンパンを売り込んでいた。

1807年、ナポレオンがロシア、プロイセンを撃破し、ティルジットの和約を結んだ後、しばしフランスとロシアは友好関係にあった。ロシアには多くのシャンパンが売り込まれ、ロシアの貴族たちはシャンパンの虜（とりこ）にもなっていたのだ。以後、20世紀にロシア革命が勃発するまで、ロシアはシャンパンの一大顧客となっていた。

ナポレオンがシャンパンを愛飲していたかどうかは、わからない。ただ、フランスという国家のために、シャンベルタンよりシャンパンをずっと重視していたのだ。

◆ナポレオン没落後のフランスを救ったシャンパンの力

シャンパンは、フランスの亡国の危機さえも救っている。1812年にナポレオンはロシア遠征で失敗したのち、ライプチヒの戦い、ワーテルローの戦いで落日を見る。パリには、ロシア軍が入城していた。このとき、ロシアは多くのシャンパンを入手し、持ち帰っていた。

ナポレオン没落後のフランスの命運が決まるのは、1814年にはじまるウィーン会議によってである。オーストリアの宰相メッテルニヒが中心となったウィーン会議に出席したのは、ロシア皇帝アレクサンドル1世、イギリスのカッスルレー、プロイセンのハルデンベルクらである。

フランスからは、タレーランの姿があったが、フランスは敗戦国である。オブザーバーとしての出席がゆるされていたのみであり、発言権はなかった。会議のなりゆきしだいでは、フランスは領土を割譲させられ、分割されかねなかった。

けれども、会議が進むうちに、出席者たちのフランス敵視は和らぎ、消えていった。フランスではブルボン家の復位が認められ、本来の領土を失うこともなかった。

その背景にあったのは、タレーランの美食外交であり、シャンパンであった。彼は凄腕

（地図10）シャンパーニュの銘醸地

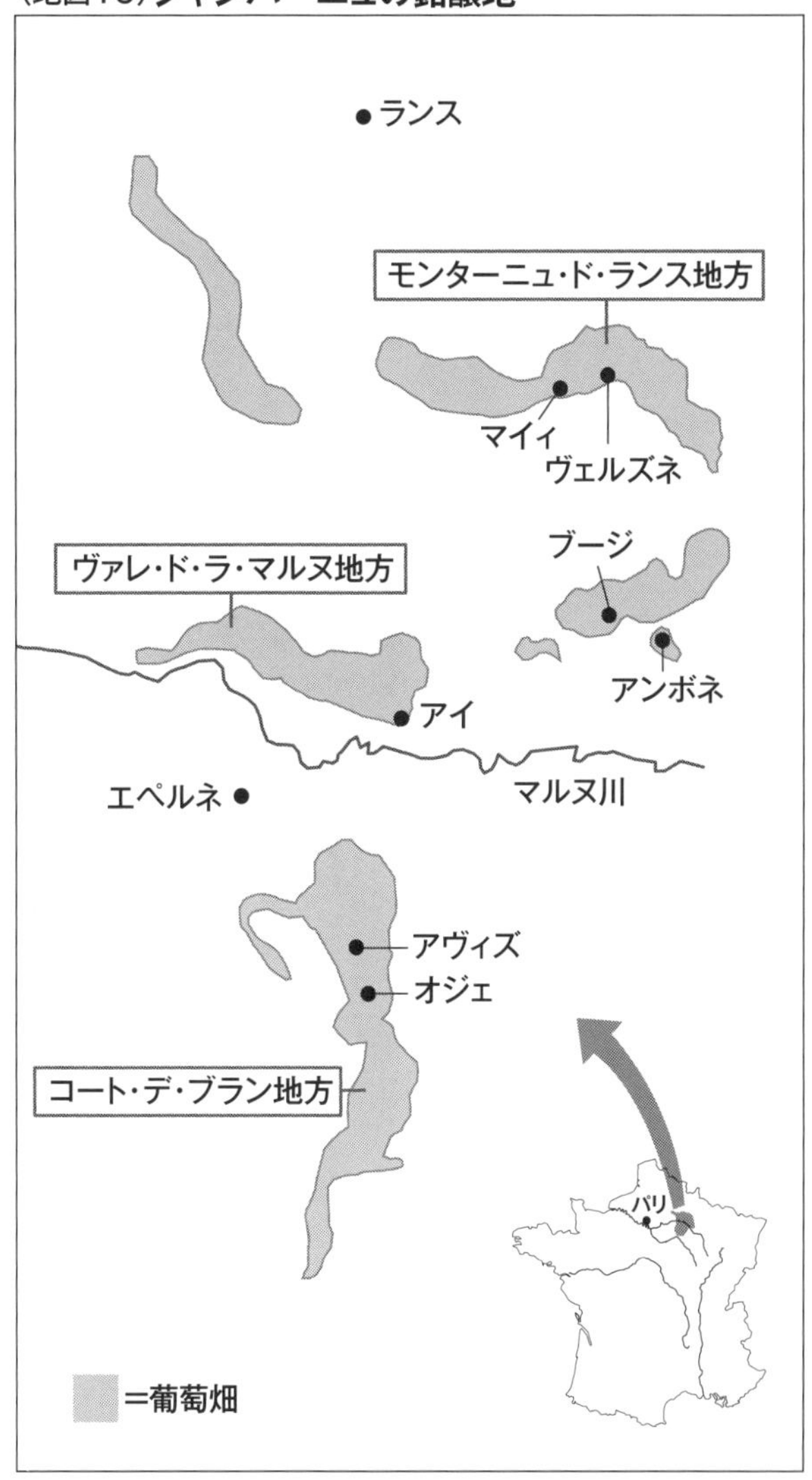

の料理人カレームをパリから呼び寄せ、シャンパーニュからはシャンパンを大量に調達していた。タレーランは自らが暮らすカウニッツ宮殿に、ウィーン会議の出席者を招き、美食とシャンパンで接待したのだ。

フランス料理のおいしさもさることながら、シャンパンは多くの者を魅了し、酔っぱらわせた。シャンパンは、祝い事でよく飲まれるように、人を幸福な気分にさせる。攻撃的な気分が和らぎ、友愛の精神も生まれやすい。美食とシャンパンはウィーン会議の出席者たちを籠絡し、フランスを守っていたのだ。

◆オーストリアの宰相メッテルニヒが行っていたドイツワインのブランド化

ウィーン会議を主導したオーストリアの宰相メッテルニヒに対する評価は、今日、芳しいものではない。フランス革命が破壊したアンシャン・レジームの復活を目指し、フランス革命の理念を拒否したからだ。オランダのような共和政をつづけていた国であっても、王国化が強要された。

けれども、メッテルニヒは、ワインの世界、とくにドイツワインの世界にあっては、偉大な功労者といえよう。ワインのブランド化を行っていたからだ。

メッテルニヒは、オーストリアの生まれではなく、ドイツのライン川流域のコブレンツの出身である。この地はライン川の葡萄畑地帯の一角にあったのだから、当然、メッテルニヒはライン川流域の白ワインを愛していた。

しかも、ウィーン会議を成功させた恩賞として、メッテルニヒはハプスブルク家のオーストリア皇帝フランツ1世からラインガウのシュロス・ヨハニスベルクを与えられていた。すでに述べたように、カール大帝以来の銘醸地である。ドイツ出身のメッテルニヒにとって、こんな栄誉はないだろう。と同時に、ハプスブルク家はメッテルニヒによるシュロス・ヨハニスベルクの銘ワインを欲していた。その生産の1割は、ハプスブルク家の取り分であったという。

メッテルニヒは、シュロス・ヨハニスベルクをドイツ随一のワインとすべく、ワイン造りを熟練の者に任せた。そこから先、メッテルニヒが行ったのは、ワインのブランド化である。

メッテルニヒによるブランド化とは、ワインを品質の違いによって分け、具体的に品質の違いをラベルに表すことである。それほどに、メッテルニヒの時代には、ドイツワインの品質は高まり、収穫の時期をいつにするかでも、ワインの味わいが違うようになってきていた。

すでに18世紀後半、ヨハニスベルクでは、遅摘みのシュペートレーゼという上質のワインを生み出していただけではない。すこし遅れて、ヨハニスベルクでは、より厳選された超完熟葡萄のみを使う「アウスレーゼ」も登場していた。

メッテルニヒは、ワインの品質による違いをラベルや封印する蝋(ろう)の色で示した。さらに、ヨハニスベルクで詰めるワインには、酒蔵主任のサインしたラベルをつけることを命じてもいる。

こうしたメッテルニヒによるブランド化を、他のドイツの生産者も模倣し、ドイツではワインのブランド化がはじまっていたのだ。ボルドーのメドック地区の格付けが発表され、ボルドーワインのブランド化が本格化するのは、19世紀後半のことだ。メッテルニヒはこれに先行し、ワインのブランド化を図っていたのだ。

第6章

もう一人のナポレオンによってもたらされたワインの黄金時代

◆またも革命を後押ししていたワインによる連帯

1848年、パリでは二月革命が勃発する。革命により、オルレアン家の国王ルイ＝フィリップはイギリスへと亡命、フランスの王政は突き崩された。パリでは臨時政府が樹立され、第二共和政がはじまった。

パリ二月革命は、歴史的には不可避であっただろう。当時、中小資本家や労働者は力をつけながらも、まだまともな政治参加をゆるされていなかった。その憤懣に急進的な共和思想や社会主義思想が絡まり、一気に王政打倒に動いていった。

さらにワインもまた、パリ二月革命を後押ししていた。1789年の大革命にあっては、パリの住人はワインの入市税に強い不満を抱いていた。ワインの入市税への怒りが、革命に火をつけ、入市税徴収所襲撃からバスティーユ襲撃となった。これと同じような構図が、パリ二月革命にもあった。

1789年の大革命ののち、いったん廃止されたワインの入市税は復活していた。パリの住人はこれに不満を持ちつづけ、ルイ＝フィリップの王政が行き詰まると、騒擾を起こしたのだ。彼らは、「革命万歳！　入市税打倒！」を叫んでいた。

しかも、二月革命前夜、パリの住人はワインに酔いながら、連帯し、政治闘争をはじめてもいた。1847年7月から、フランスで流行ったのが「改革宴会」である。当時、集会が禁止されていたところに、宴会をよそおって、反政府集会が開かれはじめたのだ。住人はわずかのカネを支払って、ここでワインを飲み、盛り上がった。この「改革宴会」が盛り上がり、住人を連帯させ、過激化させたすえに、二月革命へとエスカレートしたのだ。

ただ、第二共和政はあえなくついえ、ワインの入市税が廃止されることもなかった。皇帝ナポレオン3世（ルイ・ナポレオン）が登場したからだ。皇帝ナポレオンの甥である彼は、革命後の混乱のなか、大統領に当選、1851年12月2日、クーデタによって全権を掌握する。翌年には、国民投票によって皇帝に即位している。

ルイ・ナポレオンのクーデタの翌日、12月3日、議会では作家でもあるヴィクトル・ユゴーが入市税の廃止を提案、議員たちによって採択された。けれども、ナポレオン3世の時代に入市税が廃止されることはなかった。ナポレオン3世も、財源を必要としたからだ。

こののち、ユゴーはナポレオン3世を独裁者と見なし、亡命先からナポレオン3世をけなす文章をせっせと書いている。そこには、ワインの入市税の廃止を潰された、酒の恨みもあっただろう。

◆ナポレオン3世によるボルドー・メドック地区の格付け

ナポレオン3世は、現代のフランスでは無能の独裁者扱いだ。のちに普仏戦争に敗れ、プロイセン軍の捕虜になってしまったという汚点がそうさせるのだろう。けれども、ナポレオン3世はフランスの国威発揚を図り、とくに世界に冠たるフランスワインを印象づけた宣伝マンであったこともたしかだろう。

ナポレオン3世は、薄汚い街であったパリを大改造し、いまにつながる華の都パリの基盤をつくりあげた政治家である。現代ではセーヌ県知事だったオスマンの業績にされているが、オスマンに命じたのはナポレオン3世だ。ナポレオン3世がパリを華やかな大都市に改造していく過程で目玉となったのは、1855年のパリでの万国博覧会である。

パリ万博は、いかにフランスの産業が発展しているかを世界に示し、フランス産の農作物や製品の人気を高める場であった。その中に、ボルドーワインも選ばれていた。これが、1855年のメドック地区の格付けにつながる。

万博にあって、メドック地区の格付けがなされたのは、ボルドーワインをわかりやすくフランス国内及び世界に紹介し、買ってもらいたかったからだ。すでに述べたように、ボルドー産ワインはイギリスと結びついて発展してきた。19世紀になると、パリでも人気を博しはじめていたが、まだフランス国内及び世界での認知度が足りなかった。

とりわけ、皇帝ナポレオン3世はそう思っていただろう。ナポレオン3世はイギリスに亡命していた時代が長かった。だから、整備されたロンドンを見て、パリを改造しなければならないと決心していたし、ボルドーワインのよさもよく知っていたと思われる。

ナポレオン3世にしてみれば、フランス国内ではまだまだボルドーへの真の評価と理解が足りないと思われた。世界の理解が足りないのはもちろんであり、ナポレオン3世はわかりやすくボルドーワインを喧伝(けんでん)したかった。格付けは、そのためにあった。

格付けとは、消費者を意識したものである。消費者が何を買っていいのかわからないとき、どれだけおいしいかランクづけがあればラクである。何本かのワインに目をつけたら、あとは、懐具合との相談である。

現代でも、ワインの世界ではパーカー・ポイントのような専門家による評価点数が、消費者にとっては一つの物差しになる。高価なワインを買い求めるときほど、損はしたくないから、物差しがあると安心する。メドック地区の格付けは、そうした消費者意識を時代に先んじて読み取ったものであったのだ。

メドック地区の格付けでは、1級から5級までにランク分けされている。1級に選ばれたのは、ラフィット、ラトゥール（いまのシャトー・ラトゥール）、マルゴー（いまのシャトー・マルゴー）、オー・ブリオンである。オー・ブリオンはメドック地区ではなく、ペサック・レオニャンのワインなのだが、特別に選ばれている。

この1855年の評価で、1級を得られず、憤慨したのは、ムートン（いまのシャトー・ムートン・ロートシルト）である。1855年の格付けはその後、何度か見直しが試みられたが、変更されたのは1件のみである。ムートンのみが、100年以上経た1973年に2級から1級に昇格を果たしている。ムートンを含めると1級シャトーは5つとなり、今日「5大シャトー」と呼ばれている。

実際、メドック地区の格付けの効果は大きかった。その効果は、すぐに表れている。

1855年の時点で、1級ワインの見積価格はおよそ3000フランであった。それが1863年までの間に平均3900フランとなり、最高価格は5600フランにもなったから、1級シャトーにとって格付けは大成功だったのだ。

5大シャトーの名声は、今日、揺るぎない。5大シャトーのワインを求めて、人は大枚もはたく。5大シャトーが伝説的になればなるほど、ボルドー産ワインには大いなる幻想さえも生まれる。そのことを考えれば、1855年の格付けは大成功であり、世界にボルドー産ワインの名を売ったのである。

ついでにいえば、ムートンが2級から1級に昇格したエピソードもまた、ボルドー産ワインの名を高める結果になっている。ムートンが1855年の格付けで2級にとどまったとき、「われ1位たりえず、されど2位たることを潔しとせず」をモットーとし、捲土重来(けんどちょうらい)を期した。1級に格上げされたのちも、「われ1位なり、かつて2位なりき、されどムートンは変わらず」としている。その品質への誇りが世界に伝わるなら、それは一つのボルドー伝説にもなったのだ。

また、1855年以降、ボルドーでは「シャトー」の名を冠するのが流行りとなり、定着していく。1855年のメドック地区の格付けにあって、「シャトー」の名を冠してい

（地図11）ボルドーの銘醸地とシャトー

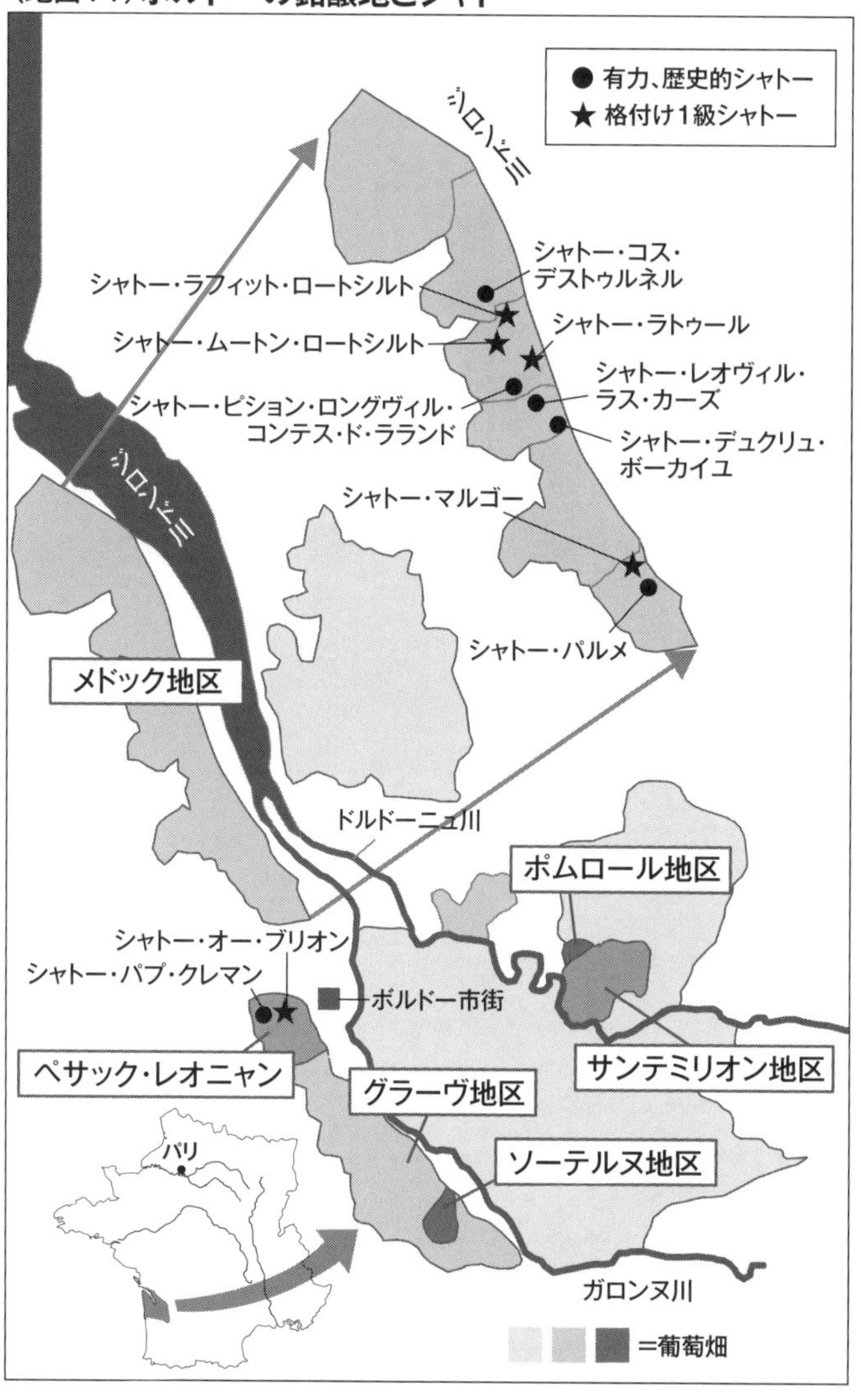

た造り手は、４軒ほどでしかなかった。それが１８８６年には、１０００軒を超えているのだ。

ワイン造りは、イメージ産業でもある。「シャトー」の名が人を魅了したからこそ、ボルドーの生産者はこぞって「シャトー○○」を名乗るようになったのだ。

シャトー・ムートン・ロートシルト

有名画家によるエチケットでも名高い

メドック地区に位置し、「５大シャトー」の一角にある。他の４つのシャトーのワインがそうであるように、ひじょうに長命にして、芳醇なワインだ。このクラスのワインになると、もはやよけいな説明は不要になるくらいだ。

写真提供：㈱モトックス

ムートンの華の一つは、そのエチケットにある。毎年、一流の画家にエチケットの画を依頼し、ヴィンテージごとにエチケットが変わる。これまで、ピカソやマチス、シャガールらも、エチケットの画を手がけてきていて、マニアの蒐集（しゅうしゅう）の対象になっている。現在、ムートンも高騰し、ふつうの人はそうは飲めない。代わりに、ムートンのオーナーの手がける「ムートン・カデ」なら安く、ムートンがいかなる酒なのか想像を愉しめるかもしれない（写真は、シャトー・ムートン・ロートシルト　2019年）。

◆メドック地区の格付けに対抗して、整備されはじめたブルゴーニュ

1855年のパリ万国博覧会にあっては、ボルドー産ワインが世界に売り込まれていたが、ブルゴーニュ産ワインは扱われていない。すでにブルゴーニュの令名が、フランス国内に広まっていたからだろう。イギリス経験の長いナポレオン3世にとっては、ブルゴーニュへの関心が薄かったのかもしれない。

ただ、1855年のボルドー・メドック地区の格付けに対抗するかのように、ブルゴーニュも動きを見せている。一つには、畑の格付けだ。このとき、「別格の筆頭畑ナンバー1」、「別格の筆頭畑ナンバー2」、「1級畑」、「2級畑」などに分けられている。別格の筆頭畑ナンバー1には、ヴォーヌのロマネ、クロ・ド・ヴジョ、シャンベルタンとクロ・ド・ベーズが挙げられている。

また、ブルゴーニュでは村の名も、きらびやかなものに変わっている。19世紀初頭、ブ

ルゴーニュのコート・ドール（黄金の丘）には、ジュヴレ、モレ、ヴォーヌ、アロスなどの村があった。それぞれの村には、シャンベルタン、クロ・サン・ドニ、ロマネ・コンティ、コルトンという令名の高い畑がある。村のワインを売りたい住人らは、有名畑の名を村の名にも採り入れ、ジュヴレ・シャンベルタン、モレ・サン・ドニ、ヴォーヌ・ロマネ、アロース・コルトンという名に変えたのだ。

ただ、ナポレオン3世の時代、ブルゴーニュはボルドーやシャンパーニュほど名を高めることができなかったと思われる。パリ万博にあって、ボルドー産ワインはその実力を示したし、万博の期間中、もっとも人気があったのはシャンパンだったからだ。

◆鉄道の時代が変えたワインの風景

ナポレオン3世の時代は、ヨーロッパで鉄道敷設（ふせつ）が進んだ時代である。ナポレオン3世が敗れた普仏戦争にあっても、プロイセン軍の鉄道による動員の早さが戦争の行方を決めていた。敗戦国とはなったものの、フランスでも鉄道敷設は進み、フランスの国土の東西南北は鉄道で結ばれた。

それは、フランスのワインの風景を変えるものであった。南仏のワインが、パリをはじ

（地図12）本書に出てくるコート・ドール（黄金の丘）の銘醸地

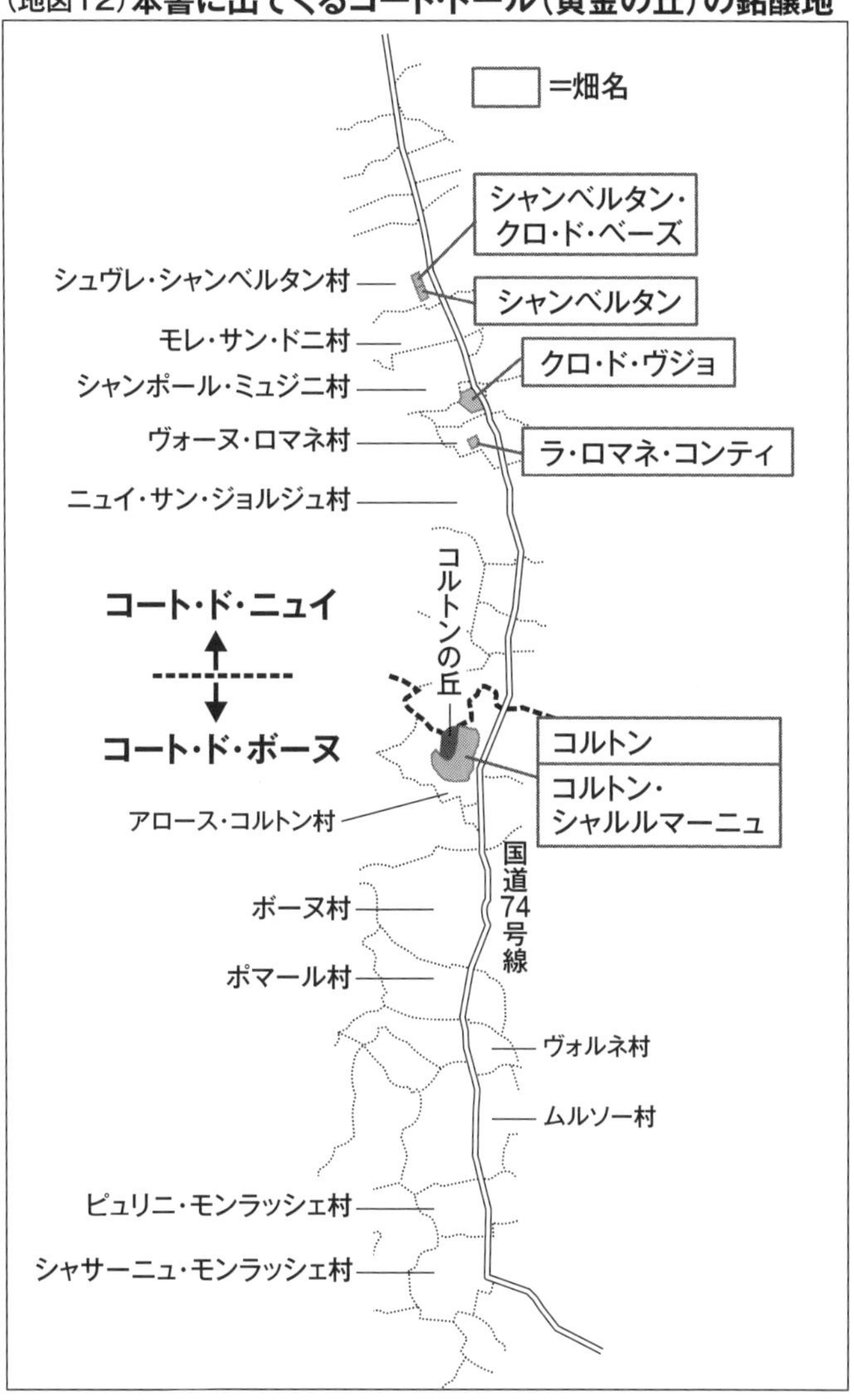

め北方へと鉄道で大量に向かうことになったからだ。南仏のワインは安くて、しかも味が安定していた。太陽の恵みにより、濃いワインとなり、それがまた好まれもした。しかも、大量に生産できる。

パリの住人たちが南仏のワインを買い求めはじめると、パリ周辺のワイン生産は壊滅状態と化していく。すでに述べたとおり、パリ周辺では粗悪なワイン生産が常態化し、その粗悪なワインでは、安くて濃い南仏のワインには太刀打ちできなかった。だからといって、かつてのように高級ワイン路線にはすぐに転換できるものでなかったから、パリ周辺の葡萄畑は消滅していった。フランス北部では、ワインの産地はシャンパーニュとシャブリを残すくらいになってしまったのだ。

また、南仏のワインは偽装の温床にもなっていた。とくに、南仏ワインをブルゴーニュワインと称して売るケースが少なくなかった。それも、ジュヴレ・シャンベルタンを名乗る偽装ワインである。

そこには、先のナポレオンがシャンベルタンを愛したという伝説が絡みもしていた。皇帝ナポレオンが飲んだのだから、強いワイン、濃いワインに決まっているという消費者の思い込みがあったのだ。ブルゴーニュワインは高級ワイン化していたから、ふつうの人は、ブルゴーニュワイン＝繊細にして華奢なワインであることを知らなかった。

そこから、南仏の強いワインをジュヴレ・シャンベルタンとして売る業者が現れたのだ。逆に、本物のジュヴレ・シャンベルタンを飲んで、「これはジュヴレ・シャンベルタンではない」と思う消費者もいたくらいだ。こうした偽装は、長くつづいていたようだ。

◆なぜイタリアワインは、19世紀初頭まで停滞をつづけていたか？

19世紀、イタリアの心ある住人はあることに気づきはじめたと思われる。イタリアのワインが長く停滞し、国際競争力を失っていたことだ。

イタリアには多種多様な葡萄があり、多くのワインが存在していた。よいワインもあったろうが、全体として見るなら、アルプス以北の国々に後れをとっていた。たしかに、ルネサンス期、ローマ教皇やボルジア家の者なら、よいワインを知り、調達していたかもしれない。けれども、多くのイタリアワインには国際競争力がなかった。

17世紀から19世紀、イギリスとフランスが何かと対立した時代、イギリスにボルドー産ワインが入ってこなくなる事態もあった。イギリス人はボルドー産ワインの代替品を求め、イタリアのトスカナ産ワインを輸入したこともあったが、一時しのぎであり、長続きしなかった。イギリス人の舌からすれば、フランスやドイツ、スペイン産のワインのほうが、トスカナ産ワインよりも上だったのだ。

古代エトルリア時代から栄えていたイタリア半島のワイン造りが停滞していたのは、複数の理由からだろう。その一つに、イタリア半島の温暖な気候があまりに葡萄栽培に適していて、生産者が頭と体を使う必要性にさほど駆られなかったことがあるだろう。

葡萄は温暖な栽培の好適地のみで育つものではない。冷涼な気候でも、人の手にかかるなら葡萄は育つ。それも、より充実した実をつけ、よいワインとなる。アルプス以北では、そうした人の手による努力がなされてきた歴史がある。ゆえに、ワイン造りにはつねに改善がなされ、イタリアワインをしのぐワインが出てきたのだ。

イタリア半島の住人に、奢(おご)りもあっただろう。ルネサンスを謳歌し、地中海交易で栄えてきただけに、自国の文化の優越性を信じていた。アルプス以北の国々を文化的に遅れていると見なしつづけ、そのワイン文化の進展に目がいかなかった。

もちろん、イタリア半島でもアルプス以北のワインの充実と進化に気づいた者はいたようだ。ルネサンスの時代、マルチン・ルターに批判された享楽のローマ教皇レオ10世は、シャンパーニュ地方のアイに葡萄畑を所有していたようだ。情報アンテナを広げた者は、アルプス以北ですぐれたワインが出ていることを知っていたようだが、多くの者は知らぬままであった。

そうしたなか、19世紀を迎えると、イタリア半島の住人も現実が見えてきた。もっとも現実を見ていた一人に、オペラ作曲家のロッシーニがいる。ロッシーニはイタリアのペーザロで生まれ、イタリアで名声を博しながら、最後はパリで死去している。

ロッシーニは美食家で知られ、ワインの鑑定家ともいわれる。そのロッシーニが、故郷のイタリアワインを評価した形跡が見られないのだ。

ロッシーニの好んだ料理には、イタリア料理が多い。ナポリ産のマカロニ、ピエモンテとウンブリアのトリュフ、ボローニャのトルテッリーニ、モデナの酢などが並んでいるが、イタリアワインはない。彼が好んだ飲み物といえば、ボルドーワイン、シャンパン、ガスコーニュのワイン、ドイツのラインワイン、スペインのアリカンテ、ストラスブールのビールなどだ。アリカンテは今日、評価の低いワインだが、イタリアワインはそれ以下ということなのだろう。とりわけロッシーニの邸宅で飲まれていたのは、ボルドーのサンテステフ、サンテミリオンのワインだった。

この事実から、ロッシーニが故郷のイタリア料理を評価しても、イタリアワインをまったく評価していなかったことがわかる。イタリアワインは、国際競争力を失っていて、イタリア半島の住人も、やがてロッシーニほどではないにせよ、これに気づきはじめる。

それは、イタリア半島の政治変動とも結びついていた。18世紀末、イタリア半島に侵攻したのは、ナポレオン率いるフランス軍である。ナポレオン軍によって、イタリア半島は席巻され、無力を露呈する。その過程で、イタリア半島の住人は世界の激変も悟る。彼らが古い秩序の脆さとフランス革命の理念を知ったとき、イタリアの悲惨な現実を知る。

イタリア半島では、ローマ帝国瓦解ののち、十数世紀にわたって統一はなく、分裂状態をつづけていた。しかもオーストリアの侵食を受け、まともな独立勢力は、サルデーニャ王国くらいであった。世界の激変を知ったイタリアの住人は、これに我慢ができなくなっていた。それが、19世紀、イタリアの統一を目指す「リソルジメント」運動ともなる。

こうして統一イタリアへの意欲が盛り上がる時代、イタリアのワイン生産者たちが世界を意識し、覚醒がはじまる。イタリア半島の中でも誇れるワイン、国際的に通用し、賞賛されるワインを造りたいと考えるようになったのだ。現代のイタリアワインは、ここからはじまっているといっていい。

◆イタリア統一運動とバローロ改革

19世紀、イタリアワインの改革の震源になった場所の一つが、北イタリアのピエモンテだ。現在、ピエモンテは、銘酒バローロ、バルバレスコの産地として世界的に名高い。とりわけバローロは、「ワインの王、王のワイン」という賞賛まで浴びているのだが、その銘酒としての歴史は意外にも浅い。

たしかに、バローロ、バルバレスコを生み出すネッビオーロ種は、13世紀ごろにはピエモンテで栽培されていたという。けれども、ピエモンテから生み出されるバローロは、いまのような引き締まったスタイルではなく、甘口のワインだったという。

甘口ワインは古代ローマの時代から求められていたが、19世紀、フランスではすでに甘いだけのワインから卒業していた。ボルドーは重厚なスタイルを完成させていたし、ブルゴーニュはエレガントを追求していた。こうしたなか、バローロの将来を憂慮したのが、カミッロ・カヴールという政治家である。

カヴールは、イタリアのリソルジメントの一方の柱にまでなった人物である。彼を通してバローロの改革がはじまるのだが、そこにリソルジメントそのものが関わってくる。

19世紀半ば、リソルジメントの先頭に立とうとしていたのは、サルデーニャ王国である。

サルデーニャ王国は、俗にピエモンテ王国と呼ばれるように、サルデーニャのみならず、イタリア北西部のピエモンテを領有していた。トリノを都とするサルデーニャ王国はイタリア半島で数少ない独立勢力であり、カルロ・アルベルト王は、北イタリアに勢力を根づかせていたオーストリアに立ち向かった。

けれども、カルロ・アルベルトはオーストリアから派遣されたラデッキー将軍の軍に大敗、退位を余儀なくされる。新たに即位したヴィットーリオ・エマヌエーレ2世の懐刀になったのが、首相となったカヴールである。

カヴールが認識していたのは、サルデーニャ王国単独の力ではオーストリアに勝てず、イタリアを統一できないということだ。そこでカヴールが目をつけたのは、ナポレオン3世のフランスである。1853年にはじまったクリミア戦争にあって、サルデーニャ王国がイギリス、フランス側に立って、わざわざ派兵したのも、フランスの気をひくためだ。カヴールはナポレオン3世に接近し、支援の約束を得る。

1859年、サルデーニャとフランスの連合軍はマジェンタ＝ソルフェリーノの戦いでオーストリア軍を打ち破る。これによりイタリア半島からオーストリア軍が退出していき、リソルジメントの達成は近づいた。

（地図13）**イタリアの葡萄畑**

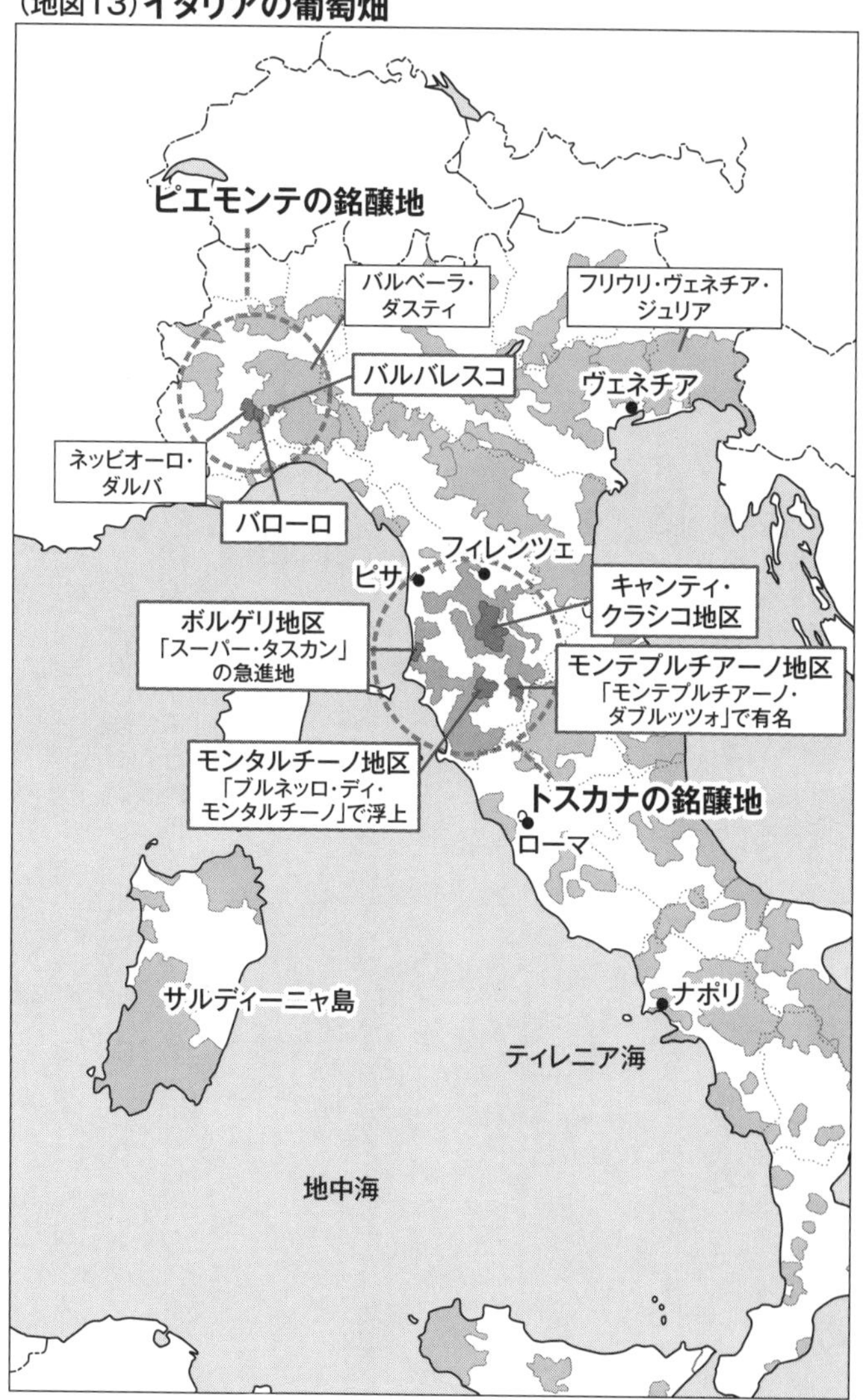

カヴールによるフランスへの接近は、ピエモンテワインの改革につながった。カブールの働きもあり、ピエモンテは、フランスからワインの生産について専門的なアドヴァイスを受けている。フランスの専門家はネッビオーロの可能性を認めると同時に、ワインの醸造法のまずさを指摘していた。熟した葡萄は清潔に管理されねばならないが、ピエモンテではこれができていなかったようだ。

ピエモンテでは、リソルジメントの過程で、フランスからワイン醸造を学んだことにより、ワインの改革がはじまる。ピエモンテは、軍事とワインの双方からフランスの支援を得て、イタリアの主役になろうとしていた。ここから、いまのバローロ、バルバレスコの栄光が始動する。

バローロとバルバレスコ　じつは日本では比較的手に入りやすい銘酒

バローロとバルバレスコは、ともにピエモンテの村の名である。いずれも、この地で産するネッビオーロのみを使って醸造されるワインであり、イタリアでもっとも重要なワインとされる。バローロには、ブルゴーニュのピノ・ノワールによるワインと似たところがあり、優雅で、深い。頑強さでいえば、バローロのほうがバルバレスコをわずかに上回るとされる。

バローロ、バルバレスコのよい点は、比較的手に入りやすい銘酒であるところだ。1990年代以降に値上がりし、高名な生産者のワインはたしかに高くなっている。それでも、まだ1万円以下ですぐれたバローロ、バルバレスコが日本市場でも見つかる。

すぐれた生産者には、アンジェロ・ガイア、ルチアーノ・サンドローネ、ドメニコ・クレリコ、ブルーノ・ジャコーザら数多くが存在する。彼らのワインは値上がりしてしまったが、比較的落ち着いた値段の佳酒バローロ、バルバレスコは見つけやすいと思う（写真は、ブルーノ・ジャコーザのバルバレスコ　アジリ　2019年）。

写真提供:㈱モトックス

◆統一イタリアの首相リカーゾリが取り組んでいたキャンティの確立

１８６０年代初頭、イタリアは統一に向かう。統一の中心となったサルデーニャ王国と組んだのは、トスカナである。

トスカナの実質的な統治者ベッティーノ・リカーゾリは、カヴールの主導するサルデーニャ王国と同盟を組み、統一イタリアにトスカナを組み入れることに合意した。このトスカナの協力もあって、１８６１年に、トリノを首都とするイタリア王国が成立した。まだヴェネチアとローマ教皇領は未回収であったものの、ヴィットーリオ・エマヌエーレ2世が国王に即位する。

このとき、統一イタリアの初代首相になったのは、カヴールなのだが、彼はすぐに死去。つづいての首相を務めたのは、トスカナの実力者であったリカーゾリである。「鉄の男爵」ともいわれてきたベッティーノ・リカーゾリもまた、カヴール同様、ワインに関係の深い人物であった。彼はトスカナのキャンティ・クラシコの中心ブロリオ城に住み、リカーゾリ家は12世紀ごろからこの地でワイン造りをはじめていた。現在、リカーゾリ家の経営するワイナリーが、「バローネ・リカーゾリ」だ。

リカーゾリもまた、カヴールがバローロの現実に苦しんでいたのと同様、キャンティの現状を憂慮していたと思われる。かつてキャンティではよいワインが生産され

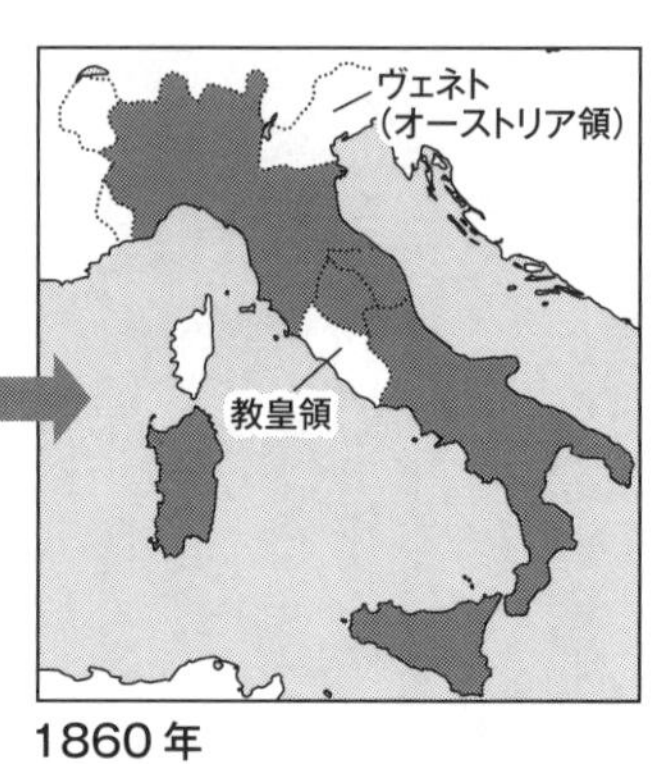

1860年

（地図14）イタリアワインの改革者が結びつき、イタリア統一へ

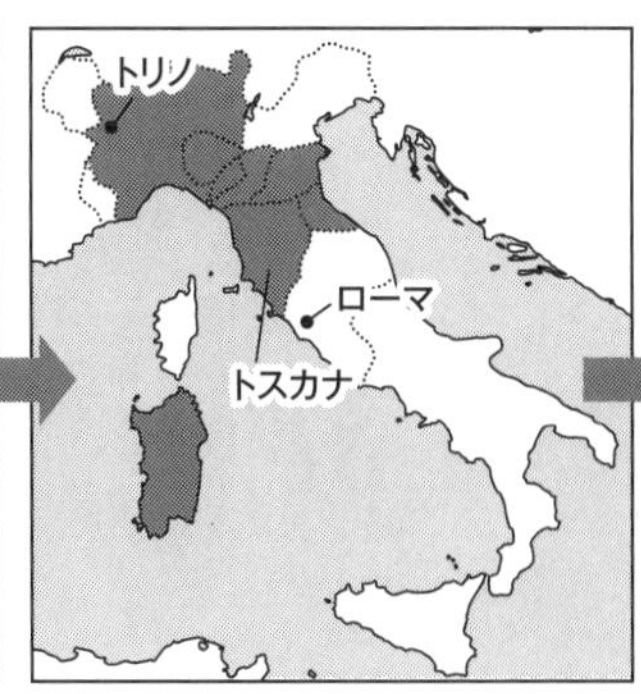

1859年

ていたようだが、いつしか個性を失い、渋みだけが口に残るようなワインに成り果てていた。これでは、キャンティの未来はない、とでも考えたのか、リカーゾリはアルプスの北、フランスやドイツを旅して、見聞を深め、多くの葡萄品種を輸入していた。リカーゾリは、キャンティでいかなる葡萄を組み合わせればよいワインが生まれるのかを試行錯誤した。

リカーゾリは、キャンティの最上のブレンドを発見する。サンジョヴェーゼを主力に、カナイオーロと白葡萄のマルヴァジアかトレッヴィアーノを一定の比率で混ぜるなら、絶妙のブレンドになることを見出した。

キャンティ・クラシコは、このリカーゾリの改革によって、国際競争力を有するワインに変貌を遂げていく。1867年に開催されたパリ万国博覧会でも好評を得て、キャンティはイタリアを代表するワインにもなっ

たのだ。それにしても、19世紀半ばのイタリアでは、国の未来を憂うことは、ワインの未来を憂うことでもあったのだ。

その後、キャンティは低迷も経験している。あまりにキャンティの名が高まりすぎた結果、キャンティの名に甘えて、努力を怠る造り手が登場しはじめたからだ。

あるいは、もともとのリカーゾリのブレンド配分に問題があったという説もある。キャンティの根幹をなすサンジョヴェーゼの収量は低い。一方、マルヴァジアなどの白葡萄は酸化に弱い欠点を持ちながら、収量だけは多い。そのため、マルヴァジアなどの比率をぎりぎりまで拡大する生産者が現れ、酸化しやすいワインになったという。

ともあれ、キャンティは安くて質の悪いワインと見なされ、消費者から突き放された時代もあった。ただ、20世紀末、新たな改革によって復活を遂げている。

いずれにせよ、19世紀のイタリアワインの改革は、まだまだ中途半端だったともいえる。イタリアの土地小作制度に問題があり、よいワインを造ろうとする生産者が現れにくかった。それが変わるのは、１９７０年代後半以降のことである。

キャンティ

手軽に飲めるが、選択はむずかしいワイン

キャンティは、トスカナ地方のフィレンツェとシエナの間に位置する丘陵地帯である。南北に160キロも延びる広大な畑であり、キャンティ・クラシコはその中心にある。果実味があり、やわらかい味わいが特徴であり、一般にキャンティ・クラシコのほうが、キャンティよりも個性的になる。

キャンティほど、手軽に飲めるが、選択のむずかしいワインはないだろう。よいキャンティがある一方、キャンティの知名度に胡座（あぐら）をかいた、名前だけの凡庸なキャンティも多々ある。高額のキャンティ・クラシコ・リゼルヴァよりも、3000〜4000円のキャンティ・クラシコのほうがおいしかったというケースは多々ある。

キャンティを愉しむには、生産者を選ぶしかないだろう。よい生産者も多く、たとえば、カステッロ・ディ・アマ、フォントディ、クエルチャベッラなどだ（写真は、カステッロ・ディ・アマのサン・ロレンツォ　キャンティ・クラシコ　グラン・セレツィオーネ　2017年）。

写真提供:エノテカ㈱

◆シャンパンに酔いしれていたヨーロッパ、束の間の平和

19世紀後半から20世紀初頭にかけては、ヨーロッパの黄金時代である。産業革命の恩恵を受けて、生活レベルは改善され、飢えの不安も解消されつつあった。ヨーロッパ諸国はアジアやアフリカを侵食、植民地を営みもした。アジアやアフリカの独立勢力と戦っても連戦連勝のようなものだから、無敵感に酔いしれることができた。

なにより、西ヨーロッパ内での大きな戦争から解放されていた。18世紀まで、西ヨーロッパはたびたび大きな戦乱を経験し、恐怖と戦ってこなければならなかった。けれども、1871年に普仏戦争が終結し、統一ドイツが誕生してのち、1914年からはじまる第1次世界大戦まで、およそ40年間、平和はつづく。この未曾有(みぞう)の平和な時代、ヨーロッパの住人はワインに酔いしれることもできた。

とりわけ人を酔わせて、甘い夢を見させていたのは、シャンパンだ。19世紀も後半になると、シャンパンの価格が下がり、より多くの者がありつけるようになっていた。ひとえにシャンパンを取り巻く技術の発達があったからで、よく破裂していた瓶の強度も上がっていた。多くの者はシャンパンを求め、快楽の一夜を愉しもうとしていた。

そんな気分は、オーストリアの作曲家ヨハン・シュトラウス2世作曲のオペレッタ『こうもり』によく表れている。1874年に初演されたこのオペレッタは、たわいもないドタバタ劇であり、これほどシャンパンが登場してくるオペラはない。能天気きわまりない序曲そのものが、シャンパンの酔いのようだし、第2幕では「シャンパンの歌」が陽気に歌われる。フィナーレでは、これまでのドタバタ劇は「何もかもシャンパンの泡のいたずらね」と歌われ、全員が「酒の王者シャンパンを讃え」て幕となる。

「こうもり」の世界は享楽と笑いに満ちていて、それを盛り上げつづけるのがシャンパンだ。観客はシャンパンの愉楽を思い出しながら、あるいは想像し、平和を享受したかのようなオペレッタに酔いつづけることができたのだ。

その泡のような平和は、やがて弾けてしまうのだが。

第7章

新興国アメリカによるワイン支配と独自の進化を遂げる日本のワイン文化

◆第1次世界大戦のフランス兵を支えつづけたワイン

１９１４年、第１次世界大戦が勃発する。それは、当初、想定もしなかった塹壕戦となった。フランス軍、イギリス軍は塹壕を掘って、ドイツ兵の進撃を食い止め、ドイツ軍もまた塹壕に身を隠し、フランス兵、イギリス兵の突撃に備えた。

塹壕戦は、過酷であった。塹壕内は不潔であるうえ、いざ突撃となれば、敵の火器の前に多くの兵士が倒される運命にあった。ヴェルダン要塞攻防戦では、フランス軍の損害は30万人超、ソンムの戦いにおける英仏軍の損害は60万人超にものぼった。あまりの損害の大きさに、フランス軍内では兵士の反乱さえ起きていたが、アメリカ軍参戦もあって、英仏軍は勝利する。

兵士の多くが大量死する過酷な戦いにあって、フランス兵を支えつづけていたのが、ワインであった。現在、世界の少なからぬ軍では戦場での飲酒を禁じているが、当時はまだおおらかだったし、兵士たちはワインを欲していた。ワインの酔いに頼らねば過酷な塹壕生活は耐えがたかったし、決死の突撃は不可能だった。清潔な水を得られない環境下では、ワインは水や消毒液の代わりにもなった。

1914年の時点で、フランス軍では1名の兵士に1日あたり250ミリリットルのワインを支給していた。ほかに62・5ミリリットルの蒸留酒も与えていた。これが1916年には500ミリリットルに増え、1918年には1リットルとなっていた。

1918年に1日1リットルものワインが支給されるようになったのは、フランス兵をねぎらい、鼓舞するためだ。前年、フランス軍内では、無謀な突撃の繰り返しから厭戦気分が蔓延し、兵士たちの反乱にも直面していた。この事態を収拾したのが、ペタン将軍である。ペタンは将校たちに無謀な突撃をやめるよう命じるとともに、兵士たちの慰撫を忘れなかった。それが、1日1リットルのワインになっていたのだ。

ただ、ワインといっても、その品質はお世辞にもほめられるようなものではなかった。ワインは水で薄められ、アルコール度数は9度の酸っぱい飲み物であった。

第1次世界大戦の勝利によって、ワインはフランスでは「勝利の酒」と賞賛もされたが、その神通力は第2次世界大戦の対独戦にはまったく通じなかった。1939年、フランスはドイツに宣戦布告しながらも、ドイツ軍が東部戦線に集中している間、フランス軍が戦うことはなく、これは「奇妙な戦争」と呼ばれる。

1940年5月、ドイツ軍がフランスへ進撃をはじめる。ドイツ軍は、空軍と戦車部隊を連動させた機動戦で挑み、フランス軍を潰走（かいそう）させた。翌6月には、フランスは降伏している。フランス軍敗北の原因は、ドイツの思いもよらぬ電撃戦にあろうが、それ以前に、フランス兵は弛緩（しかん）していた。戦いのない前線で、いたずらに支給されたワインを飲む日々を送っていたから、士気が上がらず、ドイツ軍の速さに対応できないままだったのだ。

◆20世紀、ワイン文化を破壊した共産圏

20世紀、東ヨーロッパやウクライナのワイン文化は停滞、破壊される。これらの国々が、ソ連をボスとする共産圏に組み込まれたからだ。

1917年のロシア革命ののちに成立したロシアは、世界初の共産主義国家となる。ソ連は第2次世界大戦にあって、無敵の進撃をつづけてきたヒトラーのドイツ軍を打ち破り、

世界最強の陸軍国となる。大戦後、東ヨーロッパには次々と共産主義国家が誕生し、多くはソ連の衛星国として扱われていた。

ソ連の独裁者スターリンは、酒好きである。その側近たちも酒なしにはいられず、スターリンは毎晩のように深夜から朝まで側近たちと酒盛りを愉しんでいた。

共産主義者はワインそのものを敵視していたわけではないようだが、それでも共産主義の時代にワイン文化は破壊されていく。その典型を、ハンガリーのトカイワインに見ることができる。

すでに述べたように、甘美なトカイは、皇帝や国王をはじめ多くの者を魅了し、ハンガリーの誇りでもあった。けれども、ハンガリーが共産国家になるや、トカイの品質は落ち、飲むに値しないワインとまでなる。

トカイの品質が低下したのは、大量生産の強制とワインへの無理解による。これまでトカイの銘酒は、急斜面に植えつけられた葡萄の樹から生まれていた。ブルゴーニュでもラインの川流域でもそうなのだが、日当たりのよい斜面が銘酒を生んできて、トカイも例外ではなかった。だが、共産主義のハンガリーでは、トカイの斜面にあった葡萄を平地に移してしまった。それ以降、巨大なセラーで均質なトカイワインを造りはじめていた。

共産主義は、労働者の平等をうたい、科学的なものを無批判に信奉するところがある。そこから、科学的に大量生産し、多くの者に均等にトカイワインを与えようとしたようだ。その共産主義のあり方は、ワインの価値を損ねるだけであった。

どの銘醸地でもそうであるように、銘酒は生産者たちの熱意と工夫により生み出され、維持されてきた。共産主義の望むような大量生産、均質化という名の平凡化、現実を無視した科学主義は、志ある生産者の望むものではない。土地を没収された農民たちもやる気を失ってしまったから、トカイワインは凡庸なものになってしまったのだ。

共産圏のワイン文化を徹底的に破壊したのは、ソ連のゴルバチョフだろう。1980年代に登場したゴルバチョフは、ソ連の改革者として、西側諸国からは好意的な目でも見られる。けれども、ゴルバチョフは共産圏の葡萄畑の破壊者であった。

ゴルバチョフがワインの破壊者となったのは、停滞したソ連経済を建て直すためだ。ゴルバチョフは、ソ連の停滞を共産主義、社会主義の欠陥ではなく、アルコールに起因すると見なした。

たしかにソ連の労働者たちは昼間からウオトカを飲んで酔っぱらっていたから、アルコールの害は明白であった。そこからゴルバチョフは禁酒政策に向かい、労働者にウオトカをやめさせるのみならず、ワインの生産もやめさせようとした。

これによりもっとも被害にあったのが、ウクライナだろう。ウクライナでは古代からワイン造りがなされてきたが、ゴルバチョフの禁酒政策によって、多くの畑から葡萄の樹が引っこ抜かれてしまったのだ。モルドヴァでも、5万7000ヘクタールの葡萄畑が消滅させられている。

ブルガリアもまた、ゴルバチョフの被害者となっていた。ブルガリア産ワインは西側諸国にも輸出される一方、ソ連を一大市場としてきた。1960年代には、ブルガリアは世界第6位のワイン生産国だったのだが、そこにゴルバチョフの禁酒政策である。1980年代、ブルガリアのワインは輸出先を失い、葡萄畑は放棄されていったのだ。

1989年、ベルリンの壁が崩壊してのち、東欧諸国は民主化に舵を取り、ウクライナやジョージアは独立国となっていく。ソ連の共産主義に辟易（へきえき）したからでもあれば、ワインの恨みからでもあろう。ハンガリーでは、トカイの復活がはじまろうとしていた。

◆第2次世界大戦ののち、なぜアメリカはワインの世界を変えていったのか？

第2次世界大戦後、20世紀後半のワイン世界を大きく変えたのは、アメリカである。アメリカの巨大な経済力と、アメリカの住人のワインへの熱情によってだ。

アメリカは、20世紀前半までワイン大国とはいえなかった。1920年に禁酒法が施行され、ワイン文化は低迷もしていた。アメリカの住人が好んでいたのは、ビールやカクテル、蒸留酒などだ。

けれども、第2次世界大戦後、世界でもっとも豊かになったアメリカは違った。アメリカの住人は豊かさを享受しはじめ、ワインや美食に並々ならぬ関心を抱くようになる。その背景にあったのは、空の時代である。大型旅客機が登場、アメリカの住人がヨーロッパ、とくにパリまで旅行するようになったとき、彼らは美食と上質のワインを知る。

大型旅客機が登場するまで、アメリカ国内で、ヨーロッパワインを現地で体験できた者はヘミングウェイのような小説家、ジャーナリストなどほんのひと握りだった。ふつうのアメリカ人にはできっこない話だった。そこにやってきた「空の時代」が、豊かな、でもふつうのアメリカ人にフランスワインへの道を拓いたのである。

フランスでワイン体験をしたアメリカの住人は、熱狂的なワイン崇拝者となる。彼らは、世界一豊かな国の住人であった。だから、カネにあかせてフランスワインを愉しむようになったのである。ワイン評論家として名高いロバート・パーカーにしろ、若いころにヨーロッパを貧乏旅行し、ワインに魅了されたところに原点があるという。

アメリカ人がワインのおいしさを知ったとき、ワインの消費量は急激に伸びていく。アメリカでは、1960年から1973年までの間に、ワインの消費量が2倍にもなっている。とりわけ金持ちのアメリカ人が競って求めたのは、ボルドーワインである。それも、5大シャトーなどのスターワインである。アメリカはイギリスに代わって、ボルドーワインの最大の買い手になり、アメリカでの人気がボルドーワインの価格を釣り上げはじめた。1969年には、ボルドーワインの売り上げは前年の5割増にもなったという。

2000年代、ボルドーの5大シャトーの価格は、ワインに関心を持ちはじめた中国の住人によって急激に上昇する。これと同じような現象が、21世紀ほど急激ではないにせよ、1960年代からアメリカ人によって引き起こされていたのだ。アメリカの経済力が、ワインの世界の風景を変えはじめていたといっていい。

20世紀後半から21世紀にかけて、アメリカ、日本、中国と新興の経済大国が現れた。アメリカ、日本、中国が高級ワイン市場に新たに次々に参入しだしたことで、ボルドーやブルゴーニュの銘品は値崩れする心配から解放され、高値を維持しつづけることになったのだ。

◆「ボルドー絶対神話」を打ち崩した「パリの対決」

1960年代、アメリカはワインの一大消費国に躍り出ていた。と同時に、優秀なワイン生産国への階段を駆け上がりはじめてもいた。それが、1976年の「パリの対決」で結実する。

「パリの対決」とは、フランスの一流ワインとアメリカのカリフォルニア産ワインをブラインドで味見、採点し、どちらが上かを競おうとしたものだ。これは、ギリシャ神話をもじって「パリスの審判」とも呼ばれる。

「パリの対決」で、ボルドーのシャトー・ムートン・ロートシルトやシャトー・オー・ブリオンなどがフランス産赤ワインとして提供されている。ブルゴーニュの名門による白ワインも出された。

テイスティングの審査員に招かれたのは、すべてフランス人である。ミシュラン3つ星レストランのオーナーやソムリエ、ボルドーやブルゴーニュの高名な生産者の経営者クラスら、ワインを熟知した者らであった。

結果は、完全に予想を裏切るものとなった。1位となったのは、赤ワインでも白ワインでもカリフォルニア産ワインであった。フランスワインに通暁するフランス人審査員たちが、自国のブランドワインよりも、存在も知らなかったようなカリフォルニアワインのほうに高い点をつけたのだ。

（地図15）カリフォルニアの銘醸地

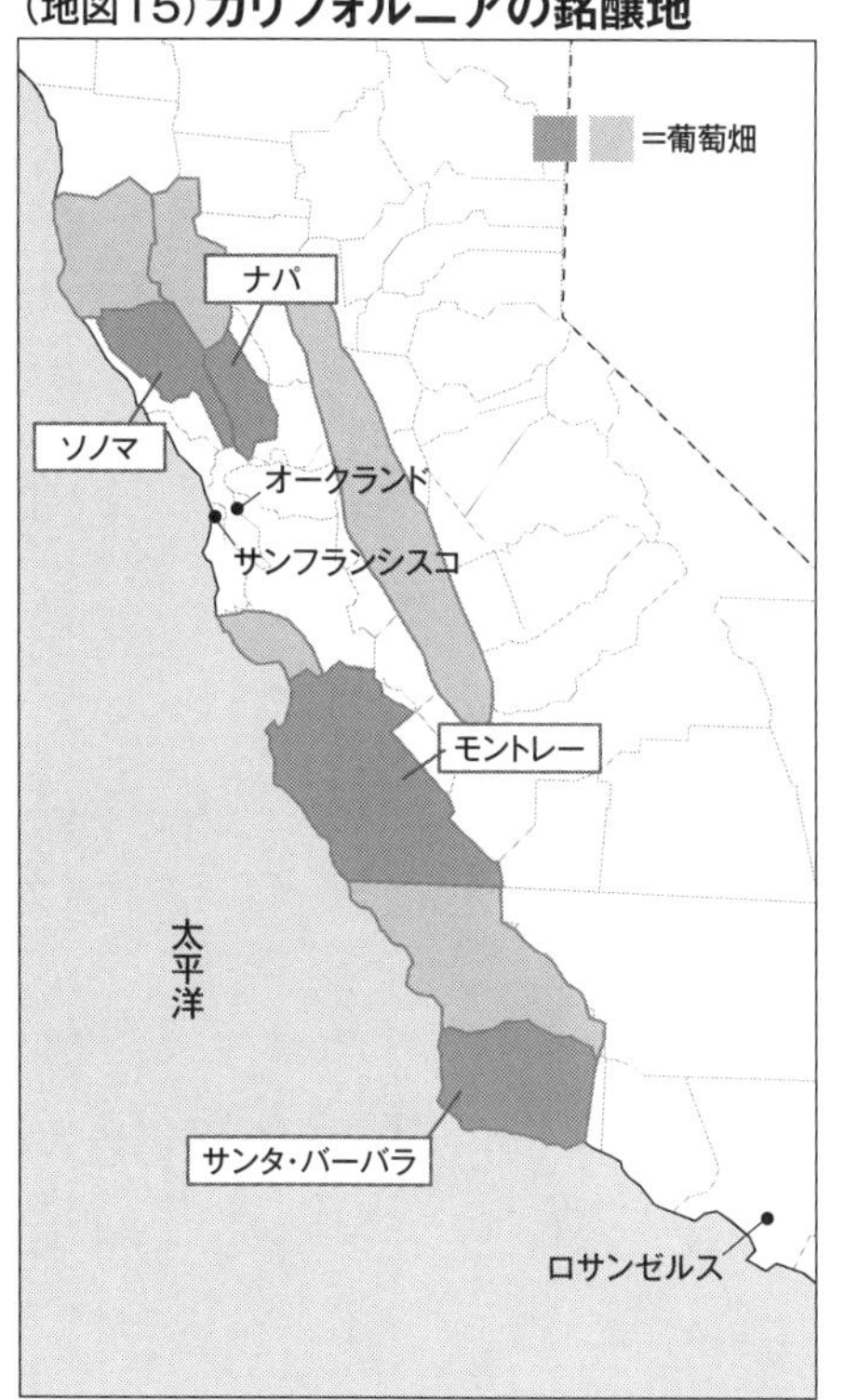

カリフォルニアワインの勝利は、アメリカでのワイン熱の高まりの勝利でもあった。アメリカでワイン熱が高まった1960年代、フランスワインを飲むだけでは満足しないワイン好きアメリカ人もいた。彼らは、自らワインを造りはじめたのである。

カリフォルニアワイン

の生産者たちは、超強度のワインオタクといっていいほど、ワインに心酔した気鋭の挑戦者たちであった。彼らは、情熱と知識をワイン造りに傾けた。

その典型が、ロバート・モンダヴィだろう。ロバート・モンダヴィはたんに伝統あるフランスワインの造り方を模倣するのではなく、最新の技術を採り入れた設備と技術によって、先鋭的なワイン造りを目指した。樽一つとっても、どの樽を使えばより理想的なワインになるかを探すため、多くの樽を試したという。

ロバート・モンダヴィに代表されるカリフォルニアワインで起きた現象は、その後のカリフォルニアのシリコン・バレーで起きた現象の先取りのようなものだろう。1990年代以降、シリコン・バレーに集まった若者は、IT技術の開発に傾注し、スマートフォンを生んだアップルのスティーブ・ジョブズ、フェイスブック（現・メタ）のマーク・ザッカーバーグら異才が次々と登場した。彼らの進化の速度が急速であったのと同じように、1960年代から1970年代にかけてカリフォルニアにおけるワインの造り手たちの進化は急進的であったのだ。

カリフォルニアワインに対する、フランスワインの敗退は、フランスワインの停滞にも一因があっただろう。ボルドーの有名シャトーや、ブルゴーニュの高名な造り手は、高名であるがゆえに、胡座をかき、進化を怠ってもいたのかもしれない。

彼らは、よもやフランスワインの圧倒的な地位を脅かす存在が他国、それも新世界から生まれてこようとは夢想だにしていなかっただろう。フランスのボルドー、ブルゴーニュ、シャンパーニュのワインは、他が追随できるはずのない絶対的存在だと思っていた。それが、打ち砕かれたのである。

ただ、プライドを打ち砕かれたほうは、謙虚でもあった。シャトー・ムートン・ロートシルトのオーナーであるフィリップ・ド・ロートシルトは、ロバート・モンダヴィに接近し、両者は「オーパス・ワン・ワイナリー」を合弁事業として立ち上げている。ここから生まれるワインが、「オーパス・ワン」だ。そのエチケットには、二人の創立者の横顔のシルエットが描かれている。

「パリの対決」は、世界各地のワイン生産者に強烈な刺激を与えた。カリフォルニアでできたことが、他の地域でもできないはずがない。そこから先、世界各地でフランスワイン、カリフォルニアワインに負けない、高品質のワイン造りがはじまっていったのだ。

◆新興の大国アメリカが選んだ「ヴァラエタルワイン」

新たなワイン大国になっていくアメリカの生産するワインには、一つの特色があった。アメリカのワインは、多くが「ヴァラエタルワイン」であり、ヨーロッパの伝統をひっくり返すようなものであった。

「ヴァラエタルワイン」は、「セパージュワイン」ともいう。「セパージュ」とは、フランス語で葡萄の品種を意味する。ヴァラエタルワインでは、ラベルに生産者名やヴィンテージ（醸造年）とともに、葡萄の品種を記す。生産地の記載はなくとも、葡萄品種名だけは記載する。

現在、日本のスーパーや酒販店で、「カベルネ・ソーヴィニヨン」「メルロー」「マルベック」などと品種名がラベルに記されたワインは、じつに多い。それが当たり前のような気もするのだが、じつはこれはわりと新しいことなのだ。

アメリカのワイン文化が台頭する以前、ヨーロッパでは生産地名が記載され、生産地名によって買われてきた。とくにブルゴーニュでは、村名、畑名は重要であった。極端な話、同じブルゴーニュのワインであっても、「シャンベルタン」と記載されたなら高値がつく一方、「サントネ」なら軽視もされた。

あるいは、ボルドーならシャトー名があった。ボルドーのシャトーでは、単一品種ではなく、いくつかの葡萄をブレンドして、ワインを造ってきた。カベルネ・ソーヴィニヨンを主体にするシャトーもあれば、メルローを軸にするシャトーもあり、それぞれがほかにいくつかの品種をブレンドして、シャトー独自の味を生み出していた。

けれども、カリフォルニアの生産者は、畑名を中心にするのではなく、葡萄のブレンドもしなかった。彼らは、単一品種のワインを造り、ここに突破口を見たのである。

ヨーロッパワインの問題点は、わかりにくさである。たとえば、ボルドーには数多くのシャトーがある。メドック地区のシャトーなら格付けされているからわかりやすいが、他の地区のボルドーの場合、どのシャトーがすぐれているのかわからない。

ブルゴーニュとなると、もっとわかりにくい。たとえば、ヴォーヌ・ロマネ村の中だけでも、20以上のよく知られた区画がある。一つの区画を10近い生産者が分割所有しているケースもあり、これではある程度の知識がない限り、取っつきようがない。

けれども、ヴァラエタルワインならわかりやすい。使われる葡萄の品種が限られてくるから、それだけを覚え、ワイン選びの指針にすればよいからだ。たとえば、マルベックの味を気に入ったならば、マルベックと記載されたヴァラエタルワインを探せば、またよいものに出会えるだろう。ヴァラエタルワインなら、ワイン選びはじつに容易になるのだ。ワインの知識がなくとも、おいしいワインを味わうことができるのだから、ワイン新興国にとってはヴァラエタルワインは、一つの突破口となったのだ。

アメリカでヴァラエタルワインの生産がはじまったのは、伝統と無縁の国だったからだろう。アメリカはたしかにヨーロッパからの移民によって成立した国なのだが、ヨーロッパの伝統を悪しき習慣と見なし、ヨーロッパとは関わらないようなあり方をしてきた。ヨーロッパのわかりにくいワインのありようとは一線を画すためにも、ヴァラエタルワインを発想したのだろう。

◆パーカー・ポイントにはじまった、アメリカによるワイン支配

20世紀後半、アメリカはワインの生産大国にもなれば、消費大国にもなった。その先にあったのが、アメリカによる世界のワイン支配である。

アメリカによる世界のワイン支配は、ロバート・パーカーというワイン評論家によるところが大きい。パーカーが画期的だったのは、ワインの出来を数値化したことだろう。

それまでも、ボルドーにはメドック地区の格付けがあった。ブルゴーニュにも、グラン・

クリュ（特級畑）、プルミエ・クリュ（1級畑）といった区分けがなされてきたが、おおまかな区分にすぎない。一つひとつのワインを点数化し、序列化まではしていない。ヨーロッパの住人にとって、ワインの点数化は不粋なことでもあったろう。

けれども、パーカーは100点法によって、それぞれのワインを採点した。しかも、ときにはボルドーの超高名シャトーでさえ、ボロクソに批判し、そこにリアル感があったから、アメリカはもちろん世界で受け入れられたのだ。

もともとパーカーによるポイントは、消費者のためのものである。消費者は、数多いワインの中でどれを選んでいいかわからない。もっとも迷うのは、高級ワインを買うときだ。5000円や1万円もするようなワインを買うときには、情報が必要になる。

情報といっても、アテにはならない。酒商、酒屋は仕入れたワインを売らなければ生活ができないから、店頭のワインの悪口などいうはずがない。けれども、第三者によってワインが点数化されるならどうだろう。消費者は、その点数を頼りに決断しやすいのだ。

パーカーがワインの数値化に至ったのは、彼の育ったアメリカが、実力主義の国であり、中身を重んじたからだろう。熱狂的なワインのファンであるパーカーもまた、実力の信奉者であり、「すべては中身」であるとしたのだ。

こうしてパーカー・ポイントが支持されはじめると、パーカーのポイントがワインの世界を支配しはじめる。パーカー・ポイントが96点でも付こうものなら、そのワインは大人気となり、値上がりもしよう。無名のワインであっても、パーカーが高く評価したとたん、「シンデレラワイン」「ライジングスター」としてもてはやされる。一方、パーカーに低く評価されたワインの売れ行きは、低迷していく。

パーカー・ポイントは、ワインの総本山といわれてきたフランス、とくにボルドーを支配している。当初、ボルドーの有名シャトーはパーカーのあり方に懐疑的であったようだが、やがてボルドーはパーカーを歓迎し、必要とするようになった。パーカーから高い評価を得るなら、それがシャトーの人気につながり、ワインの値を上げてくれるからだ。パーカーの高い評価のおかげで、ボルドーワインは名声をさらに高め、より高い収益をあげられる仕組みにもなっている。

「ワインの帝王」パーカーによる世界のワイン評価は、アメリカによる世界のワイン支配でもあった。アメリカ人であるパーカーの舌が、世界のワインの基準になったからだ。

パーカーはアメリカの人口5000人にも満たない街で、母親のつくるミートローフやフライドチキン、メレンゲパイなどを食べて育ってきたという。アメリカの中流階級の食事で育ってきたといってよく、彼にはアメリカ人の舌があった。そのアメリカ人の舌が、ワインの世界にあって一つのスタンダードになったから、アメリカによるワイン支配がはじまったのだ。パーカーが没しようと、新たなパーカーがアメリカから現れるだろう。

アメリカによる世界のワイン支配は、たしかにワインの質を向上させた。パーカーから高い評価を受けるため、多くの造り手は研鑽（けんさん）したただろう。弛緩していたボルドーの有名シャトーも、新たなる改革に取り組んでいった。

ただ、その一方、ワインの味は均質化し、個性を失いはじめてもいる。多くの造り手がパーカーから高い評価を得ようとすればするほど、それはパーカー好みの味、アメリカ人好みの味になっていく。つまり、力強くて、リッチな風味のワインである。パーカーの好みとは異なるスタイルのワインは、一部のマニアが愛好でもしない限り、消滅しかねない。アメリカによるワイン支配は、多様性を損ねてもいるのだ。

◆なぜ1970年代ごろから、ブルゴーニュでワインの個性化が進んだのか？

1970年代ごろから、旧世界、ヨーロッパでも、ワインの世界に地殻変動が起きはじめていた。その一つが、一定の地域におけるワインの個性化である。とりわけ、それをブルゴーニュに見てとることができる。

　１９７０年代まで、ブルゴーニュのワインビジネスの主役となっていたのは、ネゴシアンといわれる酒商たちである。彼らは、ブルゴーニュの生産農家から葡萄、あるいはワインを買い取り、自社ブランドで瓶詰めして、世界に売りさばいていた。

　ところが、１９７０年代ごろからブルゴーニュで増えるのは、ドメーヌである。ドメーヌでは、家族経営の小さな生産農家が葡萄の栽培、摘み取りから醸造、瓶詰めまでを行う。ドメーヌは、自らのワインを一つの「作品」のように売り出していったのだ。

　ブルゴーニュにおけるドメーヌの登場は、アメリカによるワイン支配に反発するかのように、個性あるワインを求める者が現れてきたからであろう。なるほど、ネゴシアンの味は一定しているのだが、本当はテロワール（土地）を反映したもっと個性的な味わいもあるのではないかという需要が起こりはじめた。このとき、ドメーヌ元詰めワインが求められはじめ、これが人気となったのだ。

　ワインの世界、とくに高級ワインの世界にあっては、すでにアメリカという新たな大口の売り先が生まれている。１９８０年代後半からは、日本が顧客として登場する。新たな需要もあって、ワインの世界は一部では個性化をはじめていたのだ。

シャンパンの世界が、この個性化に追随している。これまでシャンパンの世界は、ネゴシアン・マニピュランといわれる大手企業の独占状態に近かった。彼らは、生産農家から葡萄を買い集め、大量のシャンパンを世に送り出してきた。モエ・エ・シャンドン社、ヴーヴ・クリコ社、クリュッグ社のように、フランスの巨大コングロマリットである「LVMH」の構成企業であるところもある。

だが、近年、レコルタン・マニピュランといわれる小さな生産農家が、独自に葡萄栽培から瓶詰めまでする傾向が生まれている。彼ら小さな生産者のシャンパンは、大手にない個性的な味わいを持ち、シャンパンの新たな潮流にもなっているのだ。

◆イタリアワインが1970年代後半以降、大きな存在になってきた理由

1970年代ごろからの変化は、イタリアにも起きている。イタリアがワイン大国として浮上、フランスワインに迫る上質、かつ個性的なワインを生産しはじめた。

すでに述べてきたように、19世紀半ばまで、イタリアワインの多くは凡庸であった。19世紀半ばのリソルジメントの時代に、ワイン改革があったとはいえ、それでもイタリアワインそのものがブランドになっていたわけではなかった。

けれども、1970年代後半あたりから、イタリアワインの改革がはじまり、いまのイタリアワインの風景をつくりあげていく。イタリアのそれぞれの地方で、個性的なワインが生まれ、全体の質が上がったのだ。

そこには、イタリアの社会体制の変革がある。イタリアは長く伝統的な農業社会であったが、その農業生産は非効率的であった。1900年前後、イタリアでの小麦生産は、1ヘクタールあたり1082リットルであった。フランスでは1554リットル、イギリスでは2826リットルもあったようで、イタリアの農業生産の非効率性は明らかだった。非効率な農業生産は、葡萄栽培、ワイン生産にも表れていたから、イタリアワインは成長できないままだった。

イタリアの農業を非効率的にしていたのは、「メッツァドリア」と呼ばれてきた物納小作制度であるといわれる。物納小作人は土地を所有できず、地主の土地を借りて耕作し、収穫の半分を地主に物納していた。物納小作人は、地主の土地内で掘っ建て小屋に住んでいたというくらい貧しかった。ベルナルド・ベルトルッチ監督の映画『1900年』で描かれているイタリアのエミリア・ロマーニャの美しくも理不尽な農村風景は、地主と、地主にいいようにされている小作人の関係の上にあった。

イタリアの農村のあり方が変わるのは、第2次世界大戦ののちだ。イタリアの平均経済成長率は1958年から1963年にかけて6・3パーセントに達し、そこにはこれまでにないイタリアがあった。イタリアでは物納小作人たちは都市に出て、工場で働き、豊かになることもできた。

その一方、これまでの物納小作人が自立できるよう、政府は支援し、特典も与えていた。地主の取り分は減っていったから、地主も小作人を使った農業に限界を感じるようになった。

こうしてイタリアの農村が再編されていったとき、視界が開け、意欲的な生産者が登場しはじめた。彼らは、よりよいワインを造り、成功しようと夢見ることができた。その情熱が、イタリアワインを停滞から抜け出させていく力となっていたのだ。

イタリアでもっとも変貌を遂げたワインの一つが、ブルネッロ・ディ・モンタルチーノだろう。ブルネッロ・ディ・モンタルチーノは、1970年代までほとんど知られていなかった。1960年代後半、ブルネッロ・ディ・モンタルチーノの畑は、80ヘクタールもなかった。2000年代にはおよそ2000ヘクタールにまで増えて、少なからぬ生産者が国際的な名声を得ているのだ。

あるいは、北イタリアのフリウリは変革の旗手であった。フリウリでは、フリウラーノやリボッラ・ジャッラ種から白ワインが生産される。フリウリの熱烈ともいえる生産者たちは、リボッラ・ジャッラから個性的なワインを生み出してきた。

彼らは、メルローの赤ワインに白ワインのような個性を与え、リボッラ・ジャッラの白ワインに赤ワインのような風味さえ持たせた。赤ワインのような風味を持つリボッラ・ジャッラの白ワインは、今日のオレンジワインのはしりである。

また、バローロ、バルバレスコでも、大きな改革運動があった。これまでバローロでは、大きな樽による長期熟成スタイルが通常であった。そこに改革者たちが現れ、ボルドーやブルゴーニュでは一般的になっていた「バリック」という小樽を使うようになった。葡萄の果皮の浸漬(しんし)に1、2カ月かけていたところを、改革派は数週間に短縮した。

こうした改革者たちよって生まれたのが、モダン・バローロである。モダン・バローロは、伝統的なバローロよりもすぐに飲めて、しかもエレガント度が上がっている。現代では、モダン・バローロと伝統的なバローロの長所を取り込む造り手も登場している。

フリウリのリボッラ・ジャッラ

あまりに個性的な白ワインが語るもの

北イタリア・フリウリは、かつては無名の生産地であった。ここで栽培されてきたリボッラ・ジャッラから造られた白ワインは、やせた、平板な味わいとされてきた。けれども、イタリアワインの変革の時代にあって、フリウリにはスタニスラオ・ラディコン、ヨスコ・グラヴネルら急進的な改革者たちが現れ、リボッラ・ジャッラの白ワインは劇的な変化を遂げている。その濃密な味わいは、世界の他のどこにもない個性的なものになっていて、生産者の情熱が見えてくる。イタリアワインが各地でいかに個性化したかの象徴であろう（写真は、グラヴネルのリボッラ　2012年）。

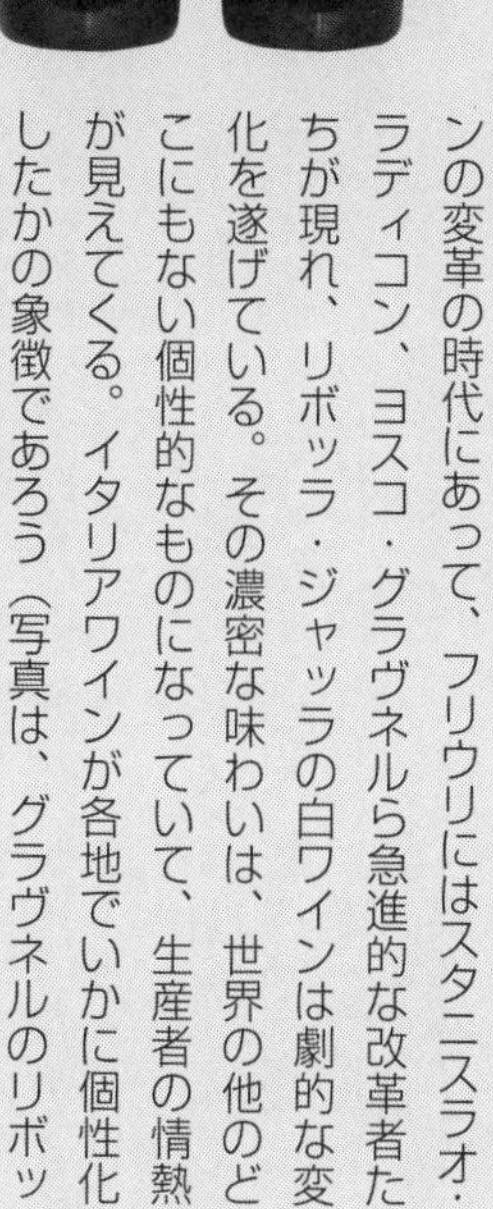

写真提供:㈱ヴィナイオータ

◆プラザ合意によって、世界の高級ワインを動かしはじめた日本

20世紀後半、アメリカにつづくワインの新興国となるのは、日本である。日本では21世紀になっても、ワインの消費量は欧米に比べてはるかに少ない。経済的には大国であっても、「ワイン大国」とはいいがたい。にもかかわらず、日本はワインの世界に大きな影響力を持ってもいる。

なぜかというと、日本の場合、消費量が少なくとも、ワインの輸入金額が高いからだ。ワインの輸入金額からすると、日本は世界の5位に届こうかという位置にいる。シャンパーニュ、ブルゴーニュに関していうなら、日本はアメリカやイギリスに次いで世界3位の輸入国である。ボルドーについては、世界第5位の輸入国だ。日本は、高級ワイン市場でのプレイヤーとなっていたのである。

日本が高級ワイン大国になったのは日本が経済大国になったからだが、日本の場合、豊かさがそのままワイン文化につながらなかった。日本はアメリカ同様、1960年代に経済成長を体験し、1968年には西ドイツを抜き、世界第2位の経済大国となった。だからといって、1960年代、1970年代にワインがよく飲まれていたわけではない。

１９７０年代に多少是正されたとはいえ、日本円が安く設定されていたからだ。そのため、日本人の多くは海外を知らず、輸入ワインもめったなことでは口にできなかった。

日本ではワインにライバルが多かった。日本酒、焼酎、ビール、ウイスキーなどがあり、とくに１９７０年代から１９８０年代にかけてビジネスマンが好んで飲んでいたのはウイスキーだった。１９８０年代からは、サワー、酎ハイというライバルも出てきた。

この時代、日本のワインを主導したのは国産メーカーであり、国産洋酒メーカーの１本１０００円程度の国産ワインが、日本人の口にするワインであった。あるいは１９８０年代には、一升瓶入りのワインが飲まれてきた。筆者はこれをよく飲んで、なんとなくのワイン好きになった。

そうした様相が変わるのは、１９８５年のプラザ合意によってである。ニューヨークのプラザホテルに日本、アメリカ、フランス、西ドイツ、イギリスの５カ国の財相、中央銀行総裁が集まり、合意したのは、円の引き上げである。

１９７０年代から１９８０年代、欧米諸国は原油高を克服できず、苦しんでいた。一方、この時代、日本企業の野心的なイノヴェーションによって、日本経済は世界でもっとも堅調であったから、円高が求められた。合意により１ドル＝２４０円前後で推移していた為替が、1987年には1ドル＝120円前後にもなっていた。

この急激な円高が、日本人の消費行動を変えた。日本人は海外に積極的に旅行するようになり、フランスやイタリアでワインの味を覚え、魅了された。日本にも、世界からワインがどっと流れ込み、日本人はワインの味の違いを少しずつながら知るようになってきた。ちょうどアメリカの住人が1960年代に体験していたことを、日本は1980年代からゆっくりと時間をかけて体験しはじめたのだ。

こうして日本は、近代にあって、欧米以外、つまり非キリスト教圏で、初めてワインに強い関心を持つ国になっていた。

◆独自の進化をはじめている日本のワイン文化

日本にワイン文化が根づいていくにしたがって、アメリカがそうだったように、日本人によるワイン造りもはじまる。

ただ、日本の場合、厳しい選択を迫られていた。降雨量が多く、秋の収穫期に台風がやってくる日本の風土は、ワイン造りに適さない。そのため、日本でのワイン造りをむずかしいと判断した者らは、ヨーロッパやアメリカ、ニュージーランドなどに渡り、ワイン造りをはじめている。なかには、すでに国際的な名声を勝ちえている造り手が何人もいる。

あるいは、海外のワイン生産者を資本面で支援する日本の会社も登場している。その典型は、百貨店の髙島屋だろう。１９８８年、髙島屋はブルゴーニュのルロワ社と資本を提携し、ドメーヌ・ルロワの立ち上げに資本協力している。

ドメーヌ・ルロワとは、ブルゴーニュの鬼才といわれるラルー・ビーズ・ルロワのための会社である。彼女はドメーヌ・ド・ラ・ロマネ・コンティの共同経営者でもあったが、ブルゴーニュ各地の有力畑の個性を最大限に引き出したいという野心や使命のようなものがあったのだろう。それが髙島屋との資本提携となり、いま、ルロワのワインは世界最上のワインの一つとされる。

一方、国内に残った者たちは、ワインに向かない風土の中で、日本の風土に適した葡萄品種を選び、技術革新によって、ワインの生産をはじめた。すでに日本のワインの造り手は４００を超え、さらに増えていくと予想されている。近年、ワインの品質は向上をつづけ、国際競争のできるレベルに達している造り手も出てきている。

また、アメリカからパーカーが登場したように、日本にもワイン批評の土壌ができつつある。ただ、それは日本独特のものであり、まずは漫画の世界からはじまっている。

1996年から連載開始の『ソムリエ』（原作・城アラキ、監修・堀賢一、作画・甲斐谷忍）、2004年から連載開始の『神の雫』（原作・亜樹直、作画・オキモト・シュウ）が双璧だろう。

これら日本のワイン漫画の特色は、漫画の中でお勧めのワインを紹介するとともに、ワイン文化のあり方を日本人に問うものであった。ある漫画ではロバート・パーカーのような人物も登場、その原点を忘れた点数至上主義を、日本人ソムリエにやりこめられてもいる。

『ソムリエ』『神の雫』は、日本のみならず、ヨーロッパでも読まれている。筆者がボーヌのワインショップでウロウロしているとき、フランス語訳された『ソムリエ』『神の雫』が並んでいたのを見たのは驚きであった。日本のサッカー漫画『キャプテン翼』（高橋陽一）が日本のサッカー熱を沸かせ、世界にも影響を与えたように、日本のワイン漫画も世界に影響を与えようとしていたのだ。

日本にあって、本格的なワイン評価・批評をなしている雑誌として、2002年に創刊された『リアルワインガイド』がある。同誌は、おもにブルゴーニュワイン、日本ワイン、3000円以下の安くておいしいワインを評価の対象としている。

『リアルワインガイド』は、日本人に向けたワイン評価誌として出発している。パーカーがフライドチキンに慣れたアメリカ人の舌から評価しているとしたなら、『リアルワインガイド』は味噌、醤油、鰹節（ついでに、ラーメン）に親しんだ日本人の舌による評価である。ゆえに日本人のための雑誌なのだが、『リアルワインガイド』で高評価を得たブルゴーニュワインの多くは値上がりしている。その影響力は、国内にとどまらなくなっているのではなかろうか。

ドメーヌ・ルロワ

マダム・ルロワ後に何が起きるのか？

ラルー・ビーズ・ルロワ（マダム）の手によるワインは、神話のように語られてきた。引き締まった筋肉質のワインながら、気品と強い官能性があり、飲む者を魅了してきた。筆者の経験は微々たるものだが、これ以上に凄いワインはそうはないと思う。

ただ、問題はマダム・ルロワがすでに高齢であること。果たしてマダム・ルロワの後継者は、マ

写真提供：㈱グッドリブ

ダムの造ってきたワインに匹敵するワインを醸せるのか。もしできなければ、マダム・ルロワのワインは本当に神話となり、彼女の残したワインは壮絶な奪い合いにもなろう（写真は、ドメーヌ・ルロワのヴォーヌ・ロマネ・レ・ボーモン　2011年）。

◆なぜ、日本はボジョレ・ヌーヴォーの最大の愛好国になったのか？

日本のワイン消費量は世界の中ではさほどでないが、ボジョレ・ヌーヴォーに関しては世界一の愛好国になっている。現在、日本でボジョレ・ヌーヴォーの需要は減ってきているものの、日本以上にボジョレ・ヌーヴォーを消費している国はないのだ。

ボジョレは、広義のブルゴーニュに属し、コート・ドール（黄金の丘）からかなり南に位置する。ボジョレで栽培されている葡萄品種といえば、ほとんどがガメイだ。中世、ガメイはブルゴーニュの君主から嫌われつづけたが、ボジョレは、そのガメイを主力としつづけてきた。

ボジョレの新酒が、ボジョレ・ヌーヴォーである。ボジョレ・ヌーヴォーという呼称が認められたのはわりに新しく、１９６０年代のことだ。以来、毎年11月の第３木曜日から市場に出せるようになった。まずボジョレ・ヌーヴォーに飛びついたのはパリの住人らで、つづいてニューヨークで人気となったが、人気はそう長つづきしたわけではない。

このあと、1980年代にボジョレ・ヌーヴォーに飛びついたのが日本である。ボジョレ・ヌーヴォーが日本で支持されたのは、この時代、ほかに手ごろな価格の外国産ワインがそうはなかったからでもあろう。ドイツの白ワイン「シュヴァルツ・カッツ」やポルトガルの「マテウス」が飲まれていたくらいであり、ワインの本家と思われていたフランスのワインは日常的ではなかった。そこに、フランスワインとしてのボジョレ・ヌーヴォーである。パリでもニューヨークでも人気という話はよい宣伝になり、多くの日本人はボジョレ・ヌーヴォーからフランスワインに入っていたのだ。いまでは信じられないかもしれないが、ボジョレ・ヌーヴォーを飲む夜にはご馳走がよく準備されていた。

以後、日本のワイン好きがボルドーやブルゴーニュの高級ワインを飲みはじめても、ボジョレ・ヌーヴォーもまた飲みつづけられてきた。それは、たんに日本人が初物好きだからという説明だけではすまないだろう。たしかに日本では、時差の関係から、世界で一番初めにボジョレ・ヌーヴォーが飲める。だから、11月の第3木曜日は初物を飲む祝祭にもなっていたのだが、祝祭はそう長くはつづきはしない。

日本人がボジョレ・ヌーヴォーを好むのは、好きだからとしかいいようがない。日本人は、ボジョレの果実味や酸味、さわやかさが好きなのである。

それは、日本人がブルゴーニュのコート・ドールのピノ・ノワールでできた高級ワインを好むのと同一線に近い。ピノ・ノワールとガメイの違いは大きいというが、果実味、酸味、やわらかさ、うまみは共通する。現在、ブルゴーニュの有力な造り手でも、「ブルゴーニュ・パストゥグラン」といった名でガメイを使ったワインを造り、これが日本でも支持されている。ボジョレのワインは、日本の住人の舌に合い、日本には根づきやすかったのだ。

◆21世紀、ワインの世界はどこへ向かうのか?

21世紀、ワインの世界は二極化している。高級ワインが異様に急騰し、その一方で、1本1000円を切る安いワインも存在している。

それは、基本的には世界の二極化とも連動していよう。アメリカや中国では極端な大金持ちが登場する一方、アメリカでは貧困層が拡大し、中流階級の薄い社会に変わろうとしている。これは、ヨーロッパにもいえる話だ。貧富の二極化は、飲むワインの二極化を招いているのだ。

高級ワインの高騰は、ボルドーの5大シャトーやブルゴーニュのドメーヌ・ド・ラ・ロマネ・コンティ、ドメーヌ・ルロワの値上がりが象徴する。5大シャトーのワインの値は1本10万円が当たり前、また、ロマネ・コンティの場合、1本数百万円の値がついている。高級ワインは、とんでもない嗜好品の世界になっている。

新興国の台頭も、高級ワイン高騰の一因であろう。1990年代以降、中国をはじめ新興国が経済力をつけはじめたとき、新興国のお金持ちはワインに向かったのだ。2000年代、中国の富裕層が高級ワインの味を覚えたばかりか、高級ワインを贈答に使いはじめた。原油高を背景に経済を復活させた一時のロシアも、高級ワインの購入者となった

近年、ブルゴーニュワインの値が全体的に上昇しているのは、世界的な食の変化に合わせての動向でもあろう。20世紀後半、世界で評価されたのは、フランス料理に代表される、濃厚な味の世界である。けれども、21世紀、健康が重視されると、フランス料理も油や塩の使用を控え、淡白化する。これまであまりに淡白すぎると敬遠もされてきた日本料理が人気となったのも、その延長線上にある。こうした嗜好の変化によって、繊細な味わいのブルゴーニュワインの値が上がってきている。

その一方、多くのワインは埋もれていく。たとえば、多くのボルドーワインだ。一口に

ボルドーワインといっても、人気を得ているのは、5大シャトーを中心としたひと握りのスターシャトーのみである。残りの多くのシャトーは、その名さえも知られない。覚えてもらえない。日本では、送料込みの12本6000円のセットでもよく売られていて、安いだけが魅力のワインになっている。ワインの世界は豊かな生産者とそうでない生産者に分かれている。

こうした二極化が進むなか、一部ではワインの個性化もつづいている。現在、農薬を使わないナチュラルなスタイルのワインがもてはやされるかと思えば、イタリアやオーストリアなどでは世界的には無名の品種からよいワインを造る試みもある。

ワインの世界にあっては、かつてはフランスのパリ周辺やオルレアンはよいワインの産地であったというが、いまは跡形もない。その一方、イタリアのブルネッロ・ディ・モンタルチーノのように20世紀後半に突如、スターとなるワインもある。世界史がつねに流動的であるように、ワインの世界も世界史に合わせてこれからも動くのだろう。

参考文献

『ワイン物語（上）（下）』ヒュー・ジョンソン（日本放送出版協会）
『地図で見る世界のワイン』ヒュー・ジョンソン、ジャンシス・ロビンソン（産調出版）
『ワインの文化史』ジルベール・ガリエ（筑摩書房）
『フランスワイン文化史全書』ロジェ・ディオン（国書刊行会）
『ワインをつくる人々』マルセル・ラシヴェール（新評論）
『ブルゴーニュワインがわかる』マット・クレイマー（白水社）
『イタリアワインがわかる』マット・クレイマー（白水社）
『ポケット・ワイン・ブック　1995-1996年度版』ヒュー・ジョンソン（早川書房）
『最新版ポケット・ワイン・ブック〔第3版〕』ヒュー・ジョンソン（早川書房）
『ブルゴーニュワイン』セレナ・サトクリフ（早川書房）
『イタリアワイン』バートン・アンダースン（早川書房）
『ワインの文化史』ジャン＝フランソワ・ゴーティエ（白水社）
『ボルドー vs. ブルゴーニュ』ジャン＝ロベール・ピット（日本評論社）

『ワインの世界史』ジャン＝ロベール・ピット（原書房）
『ワインの歴史』山本博（河出書房新社）
『歴史の中のワイン』山本博（文藝春秋）
『フランスワイン　愉しいライバル物語』山本博（文藝春秋）
『シャンパン大全』山本博（日本経済新聞出版社）
『フランス主要13地区と40カ国のワイン』山本博監修、石井もと子、蛯原健介、遠藤誠、大滝恭子、児島速人、佐藤秀良、白須知子、立花峰夫、寺尾佐樹子、中村芳子、宮嶋勲、安田まり著（ガイアブックス）
『ワインの世界史』古賀守（中央公論新社）
『文化史のなかのドイツワイン』古賀守（鎌倉書房）
『優雅なるドイツのワイン』古賀守（創芸社）
『ワインという名のヨーロッパ』内藤道雄（八坂書房）
『教養としてのワインの世界史』山下範久（筑摩書房）
『ヨーロッパワイン文化史』野村啓介（東北大学出版会）
『ワインの帝王　ロバート・パーカー』エリン・マッコイ（白水社）
『酔っぱらいが変えた世界史』ブノワ・フランクバルム（原書房）
『ワインの世界地図』ジュール・ゴベール＝テュルパン（パイ　インターナショナル）

参考文献

『〔新版〕ロッシーニと料理』水谷彰良（透土社）
『葡萄酒の戦略』前田琢磨（東洋経済新報社）
『ワインビジネス』安井康一（イカロス出版）
『世界の歴史5　ローマ帝国とキリスト教』弓削達（河出書房新社）
『世界の歴史16　ヨーロッパの栄光』岩間徹（河出書房新社）
『リアルワインガイド』（リアルワインガイド）

青春新書
INTELLIGENCE

こころ涌き立つ「知」の冒険

いまを生きる

〝青春新書〟は昭和三一年に──若い日に常にあなたの心の友として、その糧となり実になる多様な知恵が、生きる指標として勇気と力になり、すぐに役立つ──をモットーに創刊された。

そして昭和三八年、新しい時代の気運の中で、新書〝プレイブックス〟にその役目のバトンを渡した。「人生を自由自在に活動する」のキャッチコピーのもと──すべてのうっ積を吹きとばし、自由闊達な活動力を培養し、勇気と自信を生み出す最も楽しいシリーズ──となった。

いまや、私たちはバブル経済崩壊後の混沌とした価値観のただ中にいる。その価値観は常に未曾有の変貌を見せ、社会は少子高齢化し、地球規模の環境問題等は解決の兆しを見せない。私たちはあらゆる不安と懐疑に対峙している。

本シリーズ〝青春新書インテリジェンス〟はまさに、この時代の欲求によってプレイブックスから分化・刊行された。それは即ち、「心の中に自らの青春の輝きを失わない旺盛な知力、活力への欲求」に他ならない。応えるべきキャッチコピーは「こころ涌き立つ〝知〟の冒険」である。

予測のつかない時代にあって、一人ひとりの足元を照らし出すシリーズでありたいと願う。青春出版社は本年創業五〇周年を迎えた。これはひとえに長年に亘る多くの読者の熱いご支持の賜物である。社員一同深く感謝し、より一層世の中に希望と勇気の明るい光を放つ書籍を出版すべく、鋭意志すものである。

平成一七年

刊行者　小澤源太郎

著者紹介

内藤博文〈ないとう ひろふみ〉

1961年生まれ。大学卒業後、出版社勤務を経て、現在はおもに歴史ライターとして活躍中。西洋史から東アジア史、芸術、宗教まで幅広い分野に通暁し、精力的な執筆活動を展開。同時に、オピニオン誌への寄稿など、さまざまな情報発信も積極的に行っている。『「ヨーロッパ王室」から見た世界史』『世界史で深まるクラシックの名曲』『世界史で読み解く名画の秘密』(いずれも青春新書インテリジェンス)、『「半島」の地政学』(河出書房新社)などがある。

世界史(せかいし)を動(うご)かしたワイン　青春新書 INTELLIGENCE

2023年4月15日　第1刷

著者　内藤博文(ないとうひろふみ)

発行者　小澤源太郎

責任編集　株式会社プライム涌光
電話　編集部　03(3203)2850

発行所　東京都新宿区若松町12番1号 〒162-0056　株式会社青春出版社
電話　営業部　03(3207)1916　振替番号　00190-7-98602

印刷・中央精版印刷　製本・ナショナル製本

ISBN978-4-413-04667-1